Mensch, mach langsam!

Ute Rott

Mensch, mach langsam!

Wenn Hunde an der Leine ziehen, weil Menschen keine Zeit haben!

PhiloCanis Verlag

Bibliografische Information der Deutschen Nationalbibliothek:
Die Deutsche Nationalbibliothek verzeichnet diese Publikation in der Deutschen Nationalbibliografie; detaillierte bibliografische Daten sind im Internet über http://dnb.dnb.de abrufbar.

PhiloCanis Verlag
Metzelthin 22
17268 Templin
mail: ute.rott@yahoo.com
www.forsthaus-metzelthin.de

Satz & Layout: Franz Sonnenstatter, Hausham

Herstellung:
BoD – Books on Demand, Norderstedt

ISBN: 978-3-9818307-5-0

Inhalt

Mensch, mach langsam!

Als ich 2003 als Hundetrainerin mein Gewerbe anmeldete, war die Sache mit der Leinenführigkeit noch relativ einfach. Die meisten Hunde wurden damals mit sehr groben Methoden trainiert und man musste in vielen Fällen einfach nur ein freundliches Training aufbauen und schon wurde die Sache besser: Brustgeschirr, genügend lange Leine, freundliche Körpersprache und die Pelznase atmete erleichtert auf und ging an lockerer Leine.

Das hat sich leider geändert. Nein, nicht die Tatsache, dass die unfreundlichen Methoden mehr und mehr in den Hintergrund gedrängt werden, macht mir Kopfzerbrechen. Viel mehr beschäftigt mich die paradoxe Erfahrung, dass trotz der Zunahme an gewaltfrei und freundlich arbeitenden Hundeschulen immer mehr Hunde an der Leine zerren und ziehen, dass es kaum zum Aushalten ist. Viele Menschen machen sich um das Wohlergehen ihrer Hunde weitaus intensivere Gedanken als noch vor einigen Jahren, dennoch wird das Training zur Leinenführigkeit immer schwieriger. Und das sehe nicht nur ich so, das bestätigen viele KollegInnen.

Nachdem sehr viele Hunde mittlerweile am Brustgeschirr geführt werden und sich viele Hundebesitzer schnell von langen Leinen überzeugen lassen, kann es daran nicht liegen, denn Brustgeschirr und lange Leine sind eine gute Voraussetzung für gute Leinenführigkeit. Auch an den Hunden liegt es nicht, denn Hunde sind grundsätzlich bestrebt, sich uns anzupassen und alles richtig zu machen. Also liegt die Ursache bei uns. Bleibt ja sonst nichts übrig.

Unter diesem Aspekt baue ich seit geraumer Zeit mein Leinenführigkeitstraining auf und siehe da – es klappt. Nicht immer und nicht zu 100%, aber mit deutlichem Erfolg. Denn wenn wir Menschen die Ursache für viele, wenn nicht sogar alle Probleme sind, die mit und durch Hunde entstehen, dann sollten wir diesen Ansatz auch auf die Leinenführigkeit anwenden.

Es gibt viele gute Bücher zur Leinenführigkeit, die unbedingt empfehlenswert sind, solange sie freundliche und gewaltfreie Methoden propagieren. Bei keinem Training gibt es eine Rechtfertigung dafür, Hunde in ihrer

Würde zu verletzen, ihnen Schmerzen zuzufügen und Druck auszuüben. Wenn Sie also Bücher finden, die Ihnen gute Wege zur lockeren Leine vorstellen, dann lesen Sie sie und testen Sie alles aus, was sinnvoll und freundlich ist. Aber Sie werden feststellen, so gut wie alle Autoren suchen die Ursache beim Hund und nicht bei uns.

In Folgenden werden Sie nicht nur meine Gedanken und Ideen zum Leinenführigkeitstraining nachlesen, Sie werden auch viele Ansätze finden, die einiges auf den Kopf stellen könnten, was Sie bisher über sich und Ihr Leben mit Ihrem Hund dachten. Keine Angst! Es wird nichts Übermenschliches von Ihnen verlangt. Sie müssen sich nur zutrauen, ein paar unkonventionelle Gedanken in die Tat umzusetzen. Probieren Sie es doch einfach aus!

Und jetzt noch was zur Schreibweise: es ist mittlerweile üblich, den Lesern und Leserinnen vorab zu erklären, warum man die eine oder andere Schreibweise, z.B. Leser_in oder LeserInnen oder nur Leser oder nur Leserinnen oder etwas in dieser Art verwendet. Ich habe mich dafür entschieden, in den allermeisten Fällen, die weibliche Form, z.B. Hundetrainerin zu verwenden, vor allem dann wenn es sich um etwas handelt, das überwiegend Frauen betrifft und Frauen sind nun mal häufiger als Trainerinnen unterwegs als Männer. Zwischendrin, damit es nicht langweilig wird, erscheint auch mal die eine oder andere Schreibweise. Nehmen Sie es locker, das ist es nicht worauf es ankommt. ☺

Zum Lesen und Umsetzen und zum Genießen Ihres Erfolges wünsche ich Ihnen viel Spaß.

1. Und wer ist schuld?

Mit einem Hund spazieren zu gehen, der nicht gut erzogen ist, kann zum Martyrium werden, für Mensch und Hund. So wie wir mit Hunden aber zusammen leben, muss jeder Hund lernen, ordentlich an der Leine zu gehen, zu kommen, wenn er gerufen wird, mal ein Weilchen irgendwo zu warten und insgesamt sich anständig zu benehmen. Nur: warum gibt es so viele Hunde, die das alles oder zumindest einen Teil davon nicht mal ansatzweise beherrschen? Warum sieht man so viele Hunde, die an der Leine zerren, anscheinend Tomaten auf den Ohren haben, sobald sie frei laufen, sich kaum einen Moment beherrschen oder ein wenig warten können, und viele, viele Dinge machen, die einem angenehmen Zusammenleben total entgegenlaufen?

Wir Menschen haben leider die Tendenz, immer einen „Schuldigen" zu suchen, wenn etwas nicht so klappt, wie wir es gerne möchten. An einem misslungenen Urlaub ist das Hotel schuld, das nicht hält, was der Prospekt verspricht. Unzufrieden mit der Arbeit sind wir, weil die Kollegen uns nerven. Der Nachmittag im Garten ist deshalb nicht schön, weil der Nachbar sich mit seiner Frau zu laut unterhält ...

Genau so halten wir es auch, wenn das Training unseres Hundes nicht klappt: Der Kunde gibt die Schuld der Hundeschule, weil die Methode nicht funktioniert. Die Hundeschule gibt die Schuld dem Kunden, weil der die Tipps nicht richtig umsetzt. Und beide geben die Schuld dem Hund, weil er dominant, erziehungsresistent oder stur und auf gar keinen Fall kooperativ ist.

Und was denkt der Hund?

Das wissen wir nicht so genau. Aber ich bezweifle ernsthaft, dass Ihr Hund oder die Hunde Ihrer Kunden denken: Frauchen ist schuld, dass ich so an der Leine ziehen muss. Sie ist so dominant und stur, ganz schrecklich. Wenn sie ein bisschen besser kooperieren würde, müsste ich nicht an der Leine ziehen. Er denkt auch nicht: ist mir doch egal, wie lange Herrchen da steht und ruft, der hört schon wieder auf, und Herrchen ist auch so dermaßen erziehungsresistent, das sollte er doch schon gemerkt haben, wann ich nicht kommen möchte. Wenn Sie mir in diesem Punkt, dass Hunde ganz sicher so nicht denken, recht geben, dann sind wir schon einen großen

Schritt weiter. Aber jetzt lassen wir die Suche nach dem Schuldigen mal beiseite. Überlegen wir lieber, warum so viele Menschen mit ihren Hunden Probleme mit dem Gehorsam und mit dem Zusammenleben haben, obwohl sie in die Hundeschule gehen. Denn auch wenn es viele unterschiedliche Methoden gibt, einen Hund zu erziehen, arbeitet die Mehrheit der Hundeschulen heute mit eher freundlichen Methoden, und viele HundetrainerInnen bilden sich laufend fort, um den Anforderungen ihrer Kunden gerecht zu werden. Warum also ist etwas so Essentielles wie Leinenführigkeit nach wie vor für viele Mensch-Hund-Teams ein Problem?

Was bedeutet das überhaupt: Erziehung und Grundgehorsam? Sitz, Platz, Fuß können auch viele Hunde, die sich einen Teufel drum scheren, zu ihrem Menschen zu kommen, wenn der ruft. Manch ein Hund läuft auch wie ein Roboter bei Fuß, solange Herrchen nicht vergisst, das Kommando zu geben. Aber ohne Kommando zieht er wie Hechtsuppe. Bleiben wir ruhig mal bei der Leinenführigkeit, denn das wird das Hauptthema dieses Buches sein.

Ein wichtiger Punkt, über den wir uns klar werden müssen, heißt: was bedeutet eine Leine für einen Hund überhaupt? Zunächst einmal gar nichts. Das ist ein Strick, mit dem man besonders als Welpe hervorragend zerren und spielen kann, auch als erwachsener Hund kann man darauf rumkauen, aber das war's dann schon wieder. Jetzt kommt ein Mensch daher und hängt diese Leine am Brustgeschirr ein und geht einfach davon aus, dass Hundi schon versteht: jetzt kann ich nicht mehr überall hin, wo ich hin möchte, jetzt muss ich bei Herrchen bleiben und der Strick, der an mir dranhängt, soll locker durchhängen. Ja, schön wär's, aber so läuft das nicht.

Es gibt kein „Leinenführigkeitsgen" bei Hunden. Leider. Vielleicht entwikkelt sich in den nächsten 10.000 Jahren, wenn alle Menschen konsequentes Leinenführigkeitstraining mit ihren Hunden machen, so ein Gen. Das wäre wunderbar. Aber Sie und ich, wir können da nicht drauf hoffen. Wir müssen damit leben, dass es für jeden Hund – und das nehmen Sie bitte ernst und wörtlich – also für jeden Hund notwendig ist zu lernen, was Leine und Brustgeschirr bedeuten. Auch wenn alle Vorfahren dieses Hundes die letzten 100 Jahre vorbildlich an der Leine gelaufen sind, muss unser Bello das ganz neu lernen. Sie können sich das so vorstellen: selbst wenn Sie eine begabte Gärtnerin oder ein begnadeter Koch sind, ist es noch lange nicht gesagt, dass Ihre Kinder ganz selbstverständlich zu genialen Gärtnern oder Starköchen heranwachsen. Sie bringen vielleicht durch Ihre Erziehung ein gewisses Grundverständnis oder eine natürliche Begabung für Gartenbau oder Kochkunst mit, aber das ist auch alles.

Sie können bei Ihrem Vierbeiner weder ein Grundverständnis noch eine natürliche Begabung für Leinenführigkeit voraussetzen. Gartenbau oder Kochkunst haben mit Grundbedürfnissen zu tun, mit dem Bedürfnis nach Nahrung, bzw. guter Ernährung. Das Fixieren einer Leine an einem Hund hat mit seinen Grundbedürfnissen rein gar nichts zu tun. Sie befriedigen dadurch weder seinen Jagd-, noch seinen Sexualtrieb, er wird deshalb nicht besser oder schlechter ernährt, kein einziges soziales Bedürfnis hängt damit zusammen, es hat nichts mit Nähe zu Sozialpartnern oder anderen Hunden zu tun. Denn in Ihrer Nähe kann er sich auch ohne Leine aufhalten, ohne Leine kann er viel besser jagen oder Freundschaft mit anderen Hunden pflegen. Läufige Hündinnen finden unangeleint deutlich leichter einen Vater für ihre Kinder und Mülleimer lassen sich auch ohne Leine besser plündern. Und Hunde legen sich gegenseitig niemals ein Brustgeschirr um, noch fixieren sie sich mittels Leinen. Hunde tun so was nicht. Nur Menschen. Leine und Brustgeschirr sind für jeden Hund also eher eine starke Einschränkung, die ihn daran hindert, seine Bedürfnisse so zu befriedigen, wie er es gerne möchte.

Es hat deshalb keinen Sinn, die Schuld – oder die Ursache – für die schlechte Leinenführigkeit Ihres Hundes bei ihm zu suchen, wenn er noch nicht mal ein Grundverständnis dafür mitbringt. Sie müssen ihm gut und für ihn nachvollziehbar erklären, was Sie von ihm möchten und wie er es bitte tun soll. Und dabei sollten Sie Methoden wählen, die Bello Ihr Anliegen leicht verständlich nahebringen. Denn um es noch einmal klar und deutlich zu sagen: Hunde brauchen eigentlich keine Leine. Für sie ist das zunächst eine lästige Marotte von Frauchen. Aber wenn Sie es richtig machen, kann die Leine die wunderbare Bedeutung erhalten: wir machen was Schönes zusammen.

Wenn wir uns einig sind, dass Ihr Bello keine Schuld an Ihren schmerzenden Schultern hat, dann könnte es ja immer noch die Hundeschule sein, die Ihnen untaugliche Methoden vermittelt. Das ist insofern schwierig, da die allermeisten Trainer in der Lage sind, Ihnen Beispiele zu nennen, wo ihr Training funktioniert hat. Glauben Sie ja nicht, dass z.B. gewalttätige

Trainings nicht erfolgreich sein können. Ganz im Gegenteil: ich werde Ihnen beweisen – leider –, dass diese Trainings durchaus wirken. Wenn einem die Nebenwirkungen egal sind und man sich nicht darüber im Klaren ist, dass den Preis dafür der Hund bezahlt, dann können viele Menschen – wieder leider – gut damit leben, dass an ihrem Bello gerupft und gezupft wird. Gott sei Dank gibt es aber immer mehr Menschen, die diese Art von Umgang mit ihren Hund ablehnen. Und immer mehr wollen gar nicht erst lernen, wie man seinen Hund malträtiert, sie möchten lieber mit freundlichen und gewaltfreien Methoden arbeiten und das ist auch gut so.

Mangelnde Leinenführigkeit beruht sehr häufig auf Missverständnissen, weil Menschen eben oft bei anderen – auch bei ihren Hunden – voraussetzen, dass sie schon verstehen, was gerade angesagt ist. Wenn Sie das mit Ihrem Partner so machen, dann kann der nachfragen, Ihr Hund kann das nicht. Deshalb haben Missverständnisse zwischen Mensch und Hund häufig schwerwiegende Folgen. Denn wenn Sie nicht in der Lage sind, Ihrem Hund die Leinenführigkeit gut beizubringen, dann geben Sie in der Regel ihm die Schuld, bestrafen ihn womöglich, oder geben ihn sogar ab, was die schlimmste aller Strafen für einen Hund ist.

Ist Ihnen schon mal Folgendes begegnet? Sie sehen einen Menschen mit Hund und sind einfach nur sprachlos. Alles, was bei Ihnen und Bello nicht klappt, läuft hier wie am Schnürchen. Der Hund geht perfekt und ohne zu mucken exakt neben seinem Herrn, er schaut nicht links und nicht rechts, er macht sein großes und kleines Geschäft erst nach Ansage. Egal ob mit oder ohne Leine, dieser Hund sieht auf der Welt nur eins: diesen seinen gottähnlichen Herrn, der ihm über alles geht. Wow! denken Sie, so ein Wahnsinn, das hätte ich auch gerne!

Ist das wirklich so einfach? Geht dieser Mensch seinem Hund wirklich über alles? Hat er überhaupt kein Problem damit, sich zu hundert Prozent seinem Herrn anzupassen?

Glauben Sie mir, was Sie da bewundern, ist das Ergebnis eines gnadenlosen Umgangs mit einem fühlenden, intelligenten Lebewesen, mit Gehorsam hat das nichts das geringste zu tun. Deshalb ist dieser Mensch für seinen Hund kein Freund, kein Herr"chen" oder Frau"chen", sondern ein „Herr" oder eine „Herrin". Vermutlich hat auch dieser Hund irgendwann versucht, sich Freiraum zu verschaffen, dem Druck auszuweichen, der von diesem Menschen ausgeht. Die Antwort war pure Gewalt und unmenschlicher Druck. Das Ergebnis ist grausam: ein seelisch toter Hund, der wie eine Maschine funktioniert, der keine eigenen Ideen mehr entwikkelt und zu keiner normalen Reaktion mehr fähig ist. Solche Hunde sind nicht gut erzogen, sie wurden dressiert und abgerichtet. Ihre Interessen und Bedürfnisse wurden ohne Rücksicht auf Verluste den menschlichen Interessen untergeordnet. Wer seinen Hund liebt und sein bester Freund sein möchte, der kann das nicht wollen. Im Verlauf des Buches werden wir auf die Methoden zu sprechen kommen, mit denen Hunde dazu gebracht werden, so zu „funktionieren". Glauben Sie mir: das wollen Sie nicht.

Erziehung heißt vor allem: Vorbild sein. Das gilt in der Hundeerziehung ebenso wie bei Kindern. Wenn Sie also geduldig und höflich mit Ihrem Hund umgehen, ihm mit liebevoller Konsequenz und hundeverständlich im richtigen Tempo beibringen, wie Sie sich das Zusammenleben vorstellen, wenn Sie in schwierigen Situationen vernünftige Lösungen anbieten, die ihm das Leben erleichtern, dann bekommen Sie auch einen geduldigen, freundlichen und höflichen Hund, der weiß, was Sie möchten und sich gerne nach Ihnen richtet, wenn es drauf ankommt.

Wenn Sie so mit Ihrem Hund arbeiten möchten,

- dass beide Freude an der Arbeit haben
- dass Sie lernen, wie Sie ihm leicht verständlich seine Aufgabe erklären können
- dass Sie die Verantwortung für ihn und seine Erziehung übernehmen
- dass Sie gewaltfreie Methoden zur Erreichung dieses Ziels lernen möchten, dann können wir die Frage „Wer ist schuld daran, dass Ihr Hund nicht ordentlich an der Leine geht?" ad acta legen und uns damit beschäftigen, wie wir Ihr Problem in den Griff bekommen.

In diesem Buch möchte ich Ihnen Schritt für Schritt erklären, warum uns Hunde vor allem bei der Leinenführigkeit nicht oder nur schlecht verstehen, aber auch, wie wir das ändern können. Wir werden Bekanntschaft mit unerfreulichen Methoden machen, aber nur zu dem Zweck, damit Sie verstehen, warum man es besser anders macht. Sie sollten bereit sind, unkonventionelle Wege zu gehen, und sich Gedanken über Dinge zu machen, die vordergründig nicht mit Ihrem aktuellen Problem zusammen hängen. Wenn Sie das möchten, dann fangen wir an.

2. Die Zeit, sie eilt im Sauseschritt – und wir, wir sausen alle mit!

Wir leben in einer schnellen Zeit. Das ist eine Binsenweisheit, aber deswegen nicht weniger wahr. Alles, was wir tun, wird von irgendeinem Zeitmesser kontrolliert. Egal, wie Ihr Tag eingeteilt ist, Sie haben eine Armbanduhr, einen Wecker am Nachtkästchen, eine Küchenuhr, eine Uhr im Auto, im Wohnzimmer, im Bad, unzählige Uhren hängen an U-Bahnstationen, Bahnhöfen, Flugplätzen, an Rathäusern und Kirchen. Jeder von uns hat einen Kalender, in dem wichtige Termine vermerkt sind. Für einige tut's schon mal einer mit Comics oder mit Zitaten von bedeutenden Persönlichkeiten, in denen Geburtstage und andere Lebensdaten vermerkt werden, aber viele verfügen über einen detaillierten Terminplaner aus Papier oder im Handy, in dem mit genauen Zeitangaben steht, wann was zu erledigen ist und wie lange es dauern darf: Arztbesuche, Steuertermine, Kindergeburtstage, Hochzeitstage, Jubiläen, Firmenfeiern, Kundentermine, Hundeschule ... Sehen Sie mal nach, was für Sie im Laufe eines Jahres wichtig ist.

Wir unterscheiden sehr genau zwischen Arbeits- und Freizeit. Aber selbst unsere „Frei"zeit, also die Zeit, die wir angeblich zur freien Verfügung haben, ist genau durchgeplant. Zu bestimmten Zeiten betreiben wir Sport, zu anderen ist Kultur dran, dann mischt sich noch das Fernsehprogramm ein. Im Frühjahr ist eine Fastenkur mit Meditation angesagt und im Herbst der Wanderurlaub in den Bergen. Selbst wenn die beste Freundin anruft, ist eine spontane Verabredung selten möglich. Und wenn wir uns nicht notieren, dass wir am Wochenende bei der Oma zum Kaffeetrinken eingeladen sind, dann vergessen wir das leider. Verstehen Sie mich bitte nicht falsch, ich will das nicht schlecht machen, ich lebe ja selber zum größten Teil so. Aber es ist sehr nützlich, sich das ab und zu vor Augen zu führen. Denn für unsere Hunde ist diese Art des Lebens ein echtes Problem.

Hunde verfügen über ein außerordentlich gutes Zeitgefühl. Wenn in Ihrem Tagesablauf alles sehr geregelt abläuft, dann weiß ein Hund innerhalb weniger Wochen nach seinem Einzug, wann die Familie aufsteht, wie der Tag organisiert ist, an welchen Tagen Frauchen mit ihm zur Hundeschule geht, wann die Kinder heimkommen, wann der Papa. Sie unterscheiden zwischen Wochen- und Feiertagen, erkennen, wann die

Ferien beginnen und wann der Alltag wieder einkehrt. Es wichtig für sie, unser System zu durchschauen, auch wenn unsere Vorhaben im Einzelnen nicht so bedeutend sind für einen Hund. Oder haben Sie schon mal erlebt, dass ein Hund regelmäßig zum Friseur geht? Also ich meine: freiwillig und auf Eigeninitiative. Sie nehmen unser System als gegeben hin, Menschen sind eben so, dass sie den ganzen Tag über etwas zu tun haben. Solange das vernünftig läuft, gibt es auch keine Probleme. Denn sie registrieren an kleinsten Anzeichen, was wir vorhaben und ordnen es richtig ein.

Probleme, z.B. mit der Leinenführigkeit, bekommen wir erst, wenn die Bedürfnisse Ihrer Pelznase zu kurz kommen. Das durchdenken wir jetzt mal am Beispiel eines Welpen vom Züchter, der in seine neue Familie kommt.

Welpen müssen in aller Ruhe die Welt erkunden

Es kommt immer wieder vor, dass Welpenkäufer den Züchter und damit den Welpen danach aussuchen, ob der Welpe zu einer bestimmten Zeit abgegeben wird, nämlich dann, wenn sie ihren Urlaub planen. Alles wird genau und fürsorglich eingeteilt: wer ist wann wie lange den ganzen Tag zu Hause, damit der Kleine die ersten Wochen und Monate ganz sicher nicht allein ist, bzw. langsam an längeres Alleinsein gewöhnt werden kann. Bei Züchter A, der eine sehr freundliche und kinderliebe Hündin hat, da im Haushalt nette und tierliebe Kinder leben, kann man keinen Welpen holen, da der Wurf unpassend kommt. Bei Züchter B ist die Hündin den Kindern gegenüber eher etwas scheu. Es gibt hier auch keine Kinder, aber man geht davon aus, dass die eigenen Kinder ja lieb sind mit dem Hund, eine gute Hundeschule am Ort ist und man das schon hinkriegen wird. Denn die Zeit der Welpenabgabe passt perfekt. Das bedeutet jetzt nicht automatisch, dass es Probleme mit dem Hund und den Kindern geben muss, aber die Startbedingungen sind einfach nicht so günstig.

Gehen wir jetzt mal davon aus, dass mit den Kindern alles gut klappt. Die erste Woche verbringt die Familie mit dem Neuzugang zu Hause. Der Kleine wird nicht überfordert, da man vorab in der Hundeschule angerufen, sich angemeldet und wichtige Details für die ersten Tage geklärt hat. Alles verläuft ruhig und ordentlich und er kann sich gut eingewöhnen. Nach einer Woche ist dann der erste Besuch in der Hundeschule angesagt. Die ganze Familie ist schon total aufgeregt, die Kinder freuen sich und auch die Eltern sind gespannt, was sie erwartet. Das Laufen an der Leine hat man schon ein bisschen im Garten geübt, und zwar mit dem Halsband und der Meterleine, die man vom Züchter mitbekommen hat.

Dies ist jetzt der erste Tag, der für den Kleinen ganz anders abläuft wie bisher. Es ist Samstag, also wird ein wenig länger geschlafen und gemeinsam ausgiebig gefrühstückt. Bisher hat der Kleine einfach die Morgenhektik verpennt, jetzt ist auf einmal alles neu. Das findet er sehr aufregend. Nach dem Frühstück packt die ganze Familie zusammen, was sie so brauchen, die Nervosität steigt, da man ein bisschen spät dran ist. Man will auf gar keinen Fall zu spät kommen. Der Kleine findet das so aufregend, dass er vergisst sein Pipi anzumelden, was er schon mehrfach gemeistert hat, und pinkelt auf den Teppich. Jetzt wird die Aufregung noch größer, da man das Malheur erst beseitigen muss und dadurch wieder Zeit verliert.

Aber schließlich kriegt man alles in den Griff. Kinder und Hund sind im Auto verstaut und es geht los. Unser Freund hat mit dem Autofahren eigentlich kein Problem, aber heute ist er nervös, jammert rum und fühlt sich nicht wohl. Nachdem man gelesen hat, dass man so etwas einfach ignorieren soll, kümmert sich keiner um ihn. Die Fahrt dauert ja auch nur wenige Minuten. Schließlich ist man angekommen. Man hat sich im Vorfeld für eine Hundeschule entschieden, die für Welpen Einzelstunden anbietet, damit man individueller betreut wird. Die Trainerin ist schon auf dem Hundeplatz, als man auf den Parkplatz fährt und die Nervosität im Auto nimmt zu. Eilig steigen alle aus, der kleine Hund wird angeleint und dann hat man es noch eiliger, zur Trainerin zu kommen, die schon am Tor wartet. Wenn sie weiß, was sie tut, lässt sie es nicht so weit kommen, sondern geht Hund und Menschen entgegen, und zwar ruhig und gelassen, und sorgt dafür, dass der Kleine abgeleint wird. Warum?

Weil sonst dieser kleine Hund von seinen netten, eifrigen Menschen am Halsband mit einer viel zu kurzen Leine in den Hundeplatz hineingezerrt wird und die ersten Grundlagen für einen an der Leine ziehenden Hund gelegt werden. Und warum tun sie das? Damit sie keine Sekunde der kostbaren Stunde versäumen und weil es unhöflich ist, jemanden warten zu lassen, und weil sie wenige Minuten zu spät dran sind. Lauter Gründe, die nichts mit Hundeerziehung, aber sehr viel mit unserem Umgang mit Zeit zu tun haben. Ein paar Minuten, und das ist jetzt kein Witz, sondern bitterer Ernst, entscheiden also unter Umständen darüber, ob Ihr Hund einmal leinenführig wird oder nicht. Denn diese wenigen Minuten, wenn die Trainerin nicht dafür sorgt, dass Sie richtig instruiert werden, wiederholen sich jeden Tag. Mehrfach.

Bleiben wir erst mal bei der Hundeschule. Für die kleine Pelznase war bis jetzt schon ein ordentliches Programm geboten: der Alltag, an den er sich gerade gewöhnt hatte, wird abrupt unterbrochen. Die Aufregung – auch wenn es eine freudige ist – der gesamten Familie teilt sich ihm mit, regt ihn auch auf, aber er versteht nicht, warum so viel los ist. Freuen wird er sich über das Durcheinander ganz sicher nicht. Durch das Pfützchen auf dem Teppich trägt er dazu bei, dass es noch aufregender wird, und das hat er schon verstanden, dass das nicht soo toll ist. Dann kommt die Autofahrt, der Papa schimpft vor sich hin, weil alle so langsam fahren, man ist schließlich spät dran. Auf die Nervosität der kleinen Pelznase geht keiner ein. Wieder eine unverständliche Aufregung für den Kleinen. Schließlich steigt man mit großem Zinnober am Hundeplatz aus. Anstatt ihn jetzt einfach zur Ruhe kommen und die Umgebung langsam erkunden zu lassen, wird er an der Leine irgendwohin gezerrt, wo er vielleicht noch gar nicht hin möchte.

Eine andere Variante: man ist zu früh da und geht vom Hundeplatz weg, weil die Trainerin noch nicht in Sicht ist. Das könnte den Vorteil haben, dass der Kleine draußen sein großes Geschäft macht und man es nicht wegräumen muss. Außerdem möchte man gerne die Umgebung erkunden. Dann sieht man die Trainerin kommen und läuft ganz schnell hin – selbstverständlich mit einem ziehenden Hund, denn der möchte lieber in die andere Richtung weiterlaufen, also zerrt man ihn in die „richtige“

Richtung. Oder mit einem ziehenden Hund, weil man ihm erfolgreich vermittelt hat: wir haben es jetzt furchtbar eilig und Ihre Hektik ihn dazu animiert, ganz schnell an gespannter Leine dahin zu zerren, wo Sie offensichtlich hin wollen. Und schon wieder wird „Ziehen an der Leine" zum normalen Verhalten.

Er lernt aus dieser Aktion, die in Menschenbegriffen nur ganz kurz dauert: erst ist alles ganz aufregend, keiner erklärt ihm, um was es geht, und es wird an ihm herumgezerrt. Und weil er keinen blassen Schimmer hat, was da abgeht, und einfach ein bisschen Zeit für sich bräuchte um „anzukommen", hält er dagegen und zieht selber an der Leine. Ganz nach dem Motto: „Druck erzeugt Gegendruck".

Er lernt des Weiteren: ziehen ist anscheinend normal und erlaubt, denn die Menschen ziehen ja auch.

Wenn die Trainerin jetzt nicht gut reagiert, dann kann man wirklich sagen: blöd gelaufen. Und warum? Weil die Minutenangaben im Kalender und auf der Uhr wichtiger sind, als die Bedürfnisse des kleinen Hundes. Das meint niemand böse, aber so läuft es meistens.

Für den kleinen Kerl ist das Leben bei uns sowieso ziemlich kompliziert, denn Hunde haben kein „Hundeschul-Gen", kein „Wir-fahren-auf-Besuch-Gen", kein „Wir-müssen-jetzt-zum-Tierarzt-Gen" oder sonstige Gene, die sie auf unseren komplizierten Alltag vorbereiten. Sie verstehen z.B. nicht, warum bei einem Spaziergang, der für einen Welpen nur wenige Minuten dauert, unbedingt Anfang und Ende festgelegt werden müssen. Sie als stolzer Welpenbesitzer stellen sich vor, dass Sie mit ihm morgens diese nette kleine Runde laufen, sich dabei auf den Tag einstellen und Ihr Alltag dadurch entspannter wird. Eine wunderbare Idee. Nur leider für Welpen nicht immer nachvollziehbar. Hier kommt ein Blatt geflogen, in der Hecke piepst ein Vogel, auf der Straße fährt ein Auto vorbei, auf der Wiese läuft die Nachbarskatze und im Haus nebenan bellt ein Hund. Ihr kleiner Freund hat nicht den gleichen Plan wie Sie und einfach keine Zeit von A nach B zu laufen, denn der muss erst alle diese Neuigkeiten verarbeiten und einsortieren. Dazu erwarten Sie auch noch, dass er sein Geschäftchen erledigt. Wenn Sie ihn jetzt weiterzerren und weiterbetteln, mit Leckerchen locken oder auch ein Stück tragen, da Sie sonst nie vorwärts kommen, dann tun Sie alles dazu, ihn unsicher und unruhig zu machen und ihm ganz nebenbei beizubringen: wenn ich unbedingt irgendwo hin möchte, z.B. unter diesen Busch zum Pipimachen oder weil ich mir dieses Blatt genauer ansehen möchte, dann muss ich ziehen oder dagegenhalten, was aufs Gleiche hinausläuft.

Völlig nebenbei und unbeabsichtigt lernen unsere Hunde vom Welpenalter an, dass Ziehen am Hund einfach ein Bestandteil im Leben mit Menschen ist. Spaß macht das den Pelznasen sicher nicht, aber es zeigt ihnen ja niemand, wie's anders geht.

Und jetzt denken Sie bitte noch mal drüber nach, was für eine wichtige Rolle in unser aller Leben ein „richtiges" Zeitmanagement spielt. In vielen Hundebüchern ist von einem „Zeitfenster" die Rede, in dem der Hund dies oder das lernt. Und wenn es „zu" ist, diese Fenster, lernt er dann nichts mehr? Wir alle jammern häufig, dass wir zu wenig Zeit haben, unsere Zeit für dies oder jenes zu knapp ist, wir leiden unter Termindruck und Zeitnot und rennen ständig fehlenden Minuten nach. Kennen Sie den Spruch: Zehn versäumten Minuten am Morgen läuft man den ganzen Tag hinterher. Stimmt das, dass ich diese zehn Minuten versäumt habe? Waren die auf einmal weg und nicht mehr da, weil ich sie verlegt habe wie meine Handschuhe? Habe ich meine Minuten und Stunden aufgehängt wie Schlüssel am Schlüsselbrett und jemand hat sie gemeinerweise geklaut?

Ich möchte Sie jetzt nicht auffordern, alle Organisation über den Haufen zu werfen und nur noch spontan und rein nach Gefühl in den Tag hinein zu leben. Das wäre das krasse Gegenteil von dem, was wir meistens tun, aber auch nicht wirklich gut. Sie sollen nur ein wenig nachdenken, wie genau reglementiert unser Leben ist, und zwar nach Kriterien, die für Hunde schlicht und ergreifend nicht nachvollziehbar sind.

Man weiß heute, dass das mögliche Alter, das ein Lebewesen erreichen kann, genetisch festgelegt ist. So gesehen ist es eigentlich nicht sinnvoll, wenn Sie Ratschläge von 120jährigen zum Erreichen eines hohen Alters befolgen, wenn Sie selber maximal 79 Jahre werden können. Aber eins ist klar: es besteht für Sie die Möglichkeit 79 Jahre alt zu werden, Sie wissen es nur nicht sicher. Wenn alles glatt läuft, niemand Sie über den Haufen fährt, kein Krieg ausbricht und in Ihrer Nachbarschaft kein Atomkraftwerk explodiert, dann haben Sie 79 Jahre zu Ihrer Verfügung. Und niemand kann an Ihr Minutenbrett gehen und dort Ihre Zeit wegpflücken. Sie haben also diese zehn Minuten nicht wirklich versäumt, Sie haben sie nur anders genutzt als geplant, z.B. sind Sie nicht beim ersten Weckerklingeln aufgestanden, sondern haben noch zehn Minuten geschlafen. Ist das schlimm?

Da wir unser theoretisch erreichbares Alter aber nicht kennen, sind viele von uns ständig im Zweifel, ob sie das, was sie für ihr Leben planen, auch tatsächlich in die Tat umsetzen können: Ausbildung absolvieren, Arbeit finden, Karriere machen für den beruflichen Bereich, den richtigen Partner und den idealen Wohnort finden, Kinder bekommen und zu anständigen Menschen erziehen. Das wäre eigentlich ein ordentliches Programm für ein Menschenleben, aber den meisten reicht das nicht. Man muss so viel Geld verdienen, dass man sich ein bestimmtes Auto, bestimmte Urlaubsziele, bestimmte Kleider leisten kann. Die Freizeit muss sinnvoll genutzt werden mit Extremsport, dem Abklappern von Kulturereignissen, weiten Reisen, Sprachen lernen oder sich einen Hund zulegen und auch mit diesem muss man etwas machen, was nützlich und sinnvoll sein **könnte**. Wer einen Border Collie hat, braucht eigentlich auch mindestens 20 Schafe oder geht wenigstens auf Hüteseminare. Ein Retriever muss apportieren auf Teufel komm raus und wenn ich mir einen Deutsch Drahthaar ins Haus hole, sollte ich eigentlich auch einen Jagdschein machen.

Damit Sie mich nicht falsch verstehen: selbstverständlich muss man dafür sorgen, dass ein Hund eine vernünftige Auslastung entsprechend seiner Veranlagung erhält. Aber man sollte sich gut überlegen, ob man tatsächlich die Bedürfnisse eines Border Collies oder Deutsch Drahthaars im sowieso schon übervollen Terminkalender unterbringt. Denn für Ihren Hund ist es gar nicht nachvollziehbar, wenn Sie nach einem anstrengenden Arbeitstag oder einer hektischen Woche noch seine Bedürfnisse im Timer stehen haben und diese jetzt abarbeiten wollen. Der würde vielleicht viel lieber mit Ihnen „einfach so“ spazieren gehen und Sie mal ganz für sich haben.

Wir werden im Weiteren immer wieder sehen, dass die Hektik und der Zeitdruck, die wir in unserem Alltag über alles herrschen lassen, ein ganz wesentlicher Grund sind, warum Hunde an der Leine ziehen. Und die Lösung ist letztendlich auch für Sie gut: Drosseln Sie Ihre Siebenmeilenstiefel mal ein wenig, ziehen Sie sie ruhig aus und stellen sie für ein paar Wochen in den Keller. Später haben Sie dann vielleicht gar keine Lust mehr sie anzuziehen.

3. Zahlreiche Gründe, warum für Hunde das Zusammenleben mit Menschen und das lockere Laufen an der Leine schwierig ist

Zeit

Einige Gründe haben wir im vorhergehenden Kapitel kennengelernt. Ein wichtiger Grund war: wir haben ein Problem mit der Zeit.

Wenn Sie Ihrem Hund etwas beibringen möchten, dann braucht er Zeit:
- um zu verstehen, was Sie von ihm wollen
- um es umzusetzen
- und um es erfolgreich in verschiedenen Situationen anwenden zu können.

Wie viel Zeit gerechnet in Stunden und Minuten er braucht, das hängt von verschiedenen Faktoren ab:
- wie gut Sie es ihm erklären und zeigen
- wie gut nachvollziehbar das Verlangte für ihn ist, z.B. wird ein Mops länger für eine Apportieraufgabe benötigen als ein Retriever
- von seiner individuellen Lerngeschwindigkeit
- von der Ruhe, die er beim Lernen hat, so dass er sich gut auf die Aufgabe konzentrieren kann.

Leinenführigkeit ist – im Gegensatz z.B. zum Kommando „Sitz" – eine sehr zeitaufwändige Lernaufgabe und man sollte sich sehr viel Zeit dafür nehmen. Wenn Sie an das Beispiel „Morgenspaziergang mit einem Welpen" denken, für den Sie eine bestimmte Zeit festgelegt haben, sagen wir 15 Minuten, und Ihr Bello braucht aber für die ersten 100 Meter schon 5 Minuten, dann werden Sie den knappen Kilometer, den diese Runde nun mal lang ist, nicht entspannt schaffen. Sollten Sie auf Ihrer Planung bestehen, dann bekommen Sie ein Problem und Bello erst recht.

Die menschliche Ungeduld

Wer keine Zeit hat, neigt zur Ungeduld. Ein häufiges Argument für das Weiterzerren eines Hundes ist: „da stehe ich ja in einer Stunde noch und komme nie weiter." Gut, wenn wir es jetzt tatsächlich eilig haben, weil wir die S-Bahn erwischen müssen oder der Bäcker gleich zumacht oder etwas anderes Brandeiliges ansteht, dann sollte Bello zügig mitkommen. Das kann man ihm auch verständlich machen, sofern er ansonsten in Ruhe schnüffeln und sein Geschäft erledigen kann. Aber warum muss er ständig und bei jedem gemeinsamen Unternehmen meine Menschenhast mitmachen, vor der ich ja eigentlich auf unserem täglichen Spaziergang entfliehen möchte?

Wenn ich einen Kunden in der Hundeschule, der mir mit diesem Argument sein Gezuppel an der Hundeleine rechtfertigen möchte, darauf aufmerksam mache, dass Bello viel unkomplizierter und williger mitkommt, wenn er ihn einfach in Ruhe schnüffeln lässt, dann bin ich in der Regel nicht einmal ansatzweise mit meiner Erklärung zu Ende, und schon geht Bello weiter. Wir haben also noch nicht mal zwei, drei Sätze ausgetauscht, ehe Bello fertig ist. Wozu dann die Hektik?

Stellen Sie sich bitte folgende Situation vor: Sie müssen etwas erledigen, was einige Konzentration erfordert und Ihnen sehr wichtig ist. Während Sie versuchen, das auf die Reihe zu bekommen, steht jemand hinter Ihnen und versucht Sie permanent zur Eile zu bewegen: „Jetzt mach doch schon, schick dich endlich, bist du immer noch nicht fertig ..." In einer Tour geht es so. Der Typ versucht auch noch, Sie mit Ziehen und Zerren wegzubringen, irgendwo hin zu schieben, zu schubsen .... Eine gemütliche Vorstellung? Eine Situation, in der man sich gut konzentrieren kann? Sicher nicht. Ganz im Gegenteil können Sie sich gut vorstellen, dass Sie auf den Kerl eine massive Wut bekommen, falls Sie jemand sind, der sich nicht alles gefallen lässt. Wenn Sie zur schüchternen Sorte gehören, wird Ihr Selbstvertrauen dadurch sicher nicht gefördert. Es gibt durchaus auch Hunde, die dann unfreundlich werden und ihren Menschen anschnauzen. Aber die meisten reagieren eher so, dass sie versuchen, das Ganze zu ignorieren und sich dagegen zu stemmen. So wie wir es schon besprochen hatten: Druck erzeugt Gegendruck – nicht nur ein physikalisches Gesetz.

In der Regel kommt diese Ungeduld ganz woanders her. Ihr Chef hat den ganzen Tag genervt, die Kinder haben 1000 Forderungen an Sie, in der Beziehung gibt es Stress, Sie haben sich viel zu viel aufgehalst und haben Angst das alles nicht zu schaffen ... Oder – um es anders zu sagen: Sie schlagen den Sack und meinen den Esel. Ihr armer Hund muss dafür büßen, was in Ihrer Welt schief läuft. Und das soll er verstehen? Denn wenn von Ihnen Druck ausgeht, dann spürt Ihr Hund das zu 100%. Was er allerdings nicht weiß: es hat mit ihm nichts zu tun. Ein Ergebnis kann sein, dass er anfängt wie irre zu ziehen. Vielleicht will er einfach von Ihnen weg, möglich wärs.

Falls Sie aber ganz kurz innehalten, durchatmen, und sich sagen: Hektik bringt mir jetzt auch nichts, es ist so wie es ist und irgendwie werden wir das schon hinkriegen, dann sollte es möglich sein, Ihren Bello davon zu überzeugen, dass er gar nicht gemeint ist.

Multitasking

Eigentlich wissen wir es, dass das gar nicht gehen kann, und trotzdem fallen wir darauf herein. Napoleon wird uns als leuchtendes Beispiel dargestellt, weil er angeblich dermaßen viele Dinge auf einmal tun konnte, sagenhaft. Und Napoleon war doch ein Genie, oder? Ich behaupte, er war vor allem ein Größenwahnsinniger, der Europa mit einem grausamen Krieg überzogen und tausende Menschen in den Tod getrieben hat. Sicher hat er eine historische Funktion erfüllt, aber sich einen größenwahnsinnigen Kriegstreiber zum Vorbild zu nehmen ist vielleicht auch nicht das Wahre …

Multitasking bedeutet: möglichst viel wird auf einmal erledigt. Also während die Suppe kocht, überwacht die Mama die Hausaufgaben der Kinder, telefoniert mit ihrer besten Freundin, strickt Socken, und nebenbei hört sie sich eine interessante Sendung im Radio an. Ja, genau, das geht sicher gut.

Eine Kundin von mir hat sich in einer Gegend, die sie seit über 20 Jahren sehr gut kennt, beim Spaziergang verlaufen, und zwar so, dass sie anstelle zwei Stunden sechs unterwegs war. Der Grund: sie hat mit ihrer Tochter telefoniert. Das hat also schon mal nicht geklappt und es handelte sich um maximal drei Aktionen: einen bekannten Weg gehen, auf den Hund achten und telefonieren. Sollte doch eigentlich ganz einfach sein, oder? Wenn wir darlegen möchten, dass eine Forderung definitiv unerfüllbar ist, dann sagen wir: Da kannst du dich auf den Kopf stellen, mit den Füßen wackeln und mit den Zehen stricken. Eine originelle Vorstellung, die sehr gut veranschaulicht, dass manche Dinge einfach nicht funktionieren, zumindest nicht gleichzeitig.

Hunde sind sehr feinfühlig, was die Aufmerksamkeit betrifft, die wir ihnen geben – oder eben auch nicht. Sicher haben Sie Ihren Fiffi schon mal gerufen und während er kam, wurden Sie abgelenkt. Sie hatten nur einen kurzen Moment Ihre Konzentration woanders, und als Sie sich Fiffi wieder zuwendeten, war er weg. Er hat interpretiert, dass Sie es nicht so ernst meinen mit Ihrem Heranrufen, sonst hätten Sie doch auf ihn geachtet, oder? Das ist Hundelogik. Hunde machen nie mehrere Sachen auf einmal, deshalb klappt das ja auch so gut, was sie sich vornehmen. Haben Sie schon mal gesehen, dass ein Hund apportiert und gleichzeitig einen Agilityparcours absolviert? Oder einer Fährte folgt und parallel mit Ihnen Blickkontakt hält? Sie kämen nie auf die Idee, so etwas von ihm zu verlangen, aber von sich, da fordern Sie das.

Wenn Sie jetzt mit Bello unterwegs sind, telefonieren und in der Gegend rumschauen und Ihren Gedanken nachhängen, sich auf alles konzentrieren, nur nicht auf Ihren Hund, warum bitte schön sollte er dann auf Sie achten und – beispielsweise – locker an der Leine laufen? Sie übersehen ja viel zu viele Momente, wo er Ihre Unterstützung und z.B. ein einfaches Kommando „weiter“ braucht, um zu wissen, was Sie von ihm gerade erwarten. Während Sie mit Ihrem Kumpel die Bundesligaergebnisse vom Wochenende diskutieren, kriegen Sie das gar nicht mit und sollten sich nicht wundern, wenn er an der Leine zieht, weil die Krähen vor ihm auffliegen.

Das Halsband

Die wenigsten Hunde kommen mit dem, was wir ihnen so umschnallen, von Anfang an klar, das gilt auch für Halsbänder und Brustgeschirre. Das hat damit etwas zu tun, dass Hunde in der Regel nicht wie wir Kleider benötigen, um sich warm zu halten und deshalb auch nicht auf die Idee kommen, sich etwas überzuziehen. Auch legt kein Hund einem anderen etwas um, um ihn daran festhalten zu können. Das lösen sie anders. Meistens wird den Hunden das Halsband einfach umgelegt und zugemacht und dann muss er eben sehen, wie er damit klar kommt. Das beengt, das juckt vielleicht, drückt und ist unangenehm. Also nicht wirklich nett. Aber daran könnte er sich im Laufe der Zeit gewöhnen, wenn Sie behutsam damit umgehen und das Halsband breit genug und weich gepolstert ist.

Ein gut angepasstes Brustgeschirr behindert den Hund nicht und trägt zur guten Leinenführigkeit bei

Und warum ziehen diese Hunde?

Deutlich unangenehmer ist es schon, dass Menschen die unerfreuliche Gewohnheit haben, die Hunde dahin zu zerren, wo sie sie hinhaben möchten. Beispiel: Ein Hund steht im Weg rum und anstelle ihm zu sagen, wo er hingehen soll, wird er am Halsband gepackt und dort hingezogen, wo er nicht stört. Oder er möchte irgendwohin gehen und sein Mensch findet das nicht gut. Also nimmt er den Hund am Halsband und hält ihn fest. Oder Mensch ruft seinen Bello, und weil er Bedenken hat, ob Bello sich auch widerstandslos anleinen lässt, grabscht er sofort nach dem Halsband, sowie Bello in erreichbarer Nähe ist.

Na und, denken viele, ist doch normal, darum hat er ja ein Halsband um, dass man ihn „greifen" kann. Stimmt, leider ist das für die meisten Hundebesitzer ganz normal. Überlegen Sie mal: immer wenn an einem Halsband herumgezerrt und gezogen wird, lernt unser Bello: es ist völlig normal, dass an seinem Hals gezuppelt wird. Nicht angenehm, nein das nicht. Aber normal. Er lernt also, dass Menschen das so machen, und deshalb zieht er auch. Selbst dann, wenn es ihm weh tut. Und je nachdem, was Sie ihm für ein Halsband gönnen, tut ihm dieser Zug am Halsband mehr oder weniger weh.

Wenn Sie jetzt mit ihm spazieren gehen und er trödelt wieder mal rum – oder einfach gesagt: er verhält sich nicht nach Terminplan, dann ziehen Sie ihn schon mal weiter. Jetzt hat er lange genug geschnüffelt, denken Sie vielleicht. Dabei wissen Sie gar nicht, was ihn da so interessiert hat. Vielleicht ist sein bester Freund vorbei gegangen und hat eine Botschaft hinterlassen. Und noch während er sie liest, ziehen Sie ihn am Halsband weg. Stellen Sie sich einfach vor, während Sie einen für Sie wichtigen Anschlag lesen, zieht Sie jemand weg, am Hals. Was würden Sie tun? So lange es nicht zu weh tut, würden Sie vielleicht versuchen, Widerstand zu leisten um fertig zu lesen. Aber wenn das so richtig weh tut, weil Sie ja de facto gewürgt werden, dann würden Sie vielleicht ein wenig ungemütlich werden. Hunde werden in der Regel nicht ungemütlich, weil Sie – zum Glück für uns Menschen – nicht verstehen, was da abgeht oder vielleicht einfach zu nett sind. Aber sie leisten „Widerstand". Sie versuchen so schnell wie möglich hinzukommen, weil sie wissen, die Zeit ist begrenzt, dann werden sie weitergezogen. Oder sie machen sich steif und halten dagegen, während am anderen Ende der Mensch versucht, seinen Hund wegzuzerren. Irgendwie keine gemütliche Vorstellung, finden Sie nicht? Aber gehen Sie einmal aufmerksam durch die Gegend, Sie werden sich wundern, in wie vielen Variationen und wie oft Sie diese Situationen sehen werden.

Jetzt kommt beim Halsband noch der äußerst unerfreuliche Umstand dazu: einen Hund am Halsband zu ziehen, selbst wenn es kein Würgehalsband ist, ist einfach ungesund. Das Halsband setzt genau da an, wo der Hundehals am wenigstens durch Muskeln geschützt ist: an der Kehle. Zudem gehen hier jede Menge wichtige Blut- und Nervenbahnen zum Gehirn. Der Kehlkopf und die Schilddrüse befinden sich hier, und alles wird in Mitleidenschaft gezogen, nur weil der Mensch keine Zeit hat.

Zudem setzt sich der Druck als Zug über die Muskeln und die Wirbelsäule bis in die Hinterhand fort. Schädigungen an der Wirbelsäule oder den Hüften sind fast zwingend die Folge, wenn ein Hund dauerhaft im Zug ist und zudem am Halsband geführt wird. Es gibt Untersuchungen, die besagen, dass der Augendruck steigt, sobald ein Hund am Halsband zieht oder gezogen wird. Sie können also gar nicht verhindern, dass Ihr Bello auf Dauer gesundheitliche Probleme bekommt, wenn Sie nicht schleunigst etwas gegen dieses Ziehen unternehmen.

Sie können sich das ganz einfach mit Mechanik erklären, selbst wenn Sie für einen Moment jeden Tierschutzgedanken vergessen. Ein Halsband greift automatisch an einem Punkt an, wenn es durch Zug belastet wird. Je dünner das Halsband ist, umso kleiner ist dieser Punkt. Wiegt Ihr Hund ca. dreißig Kilo und er legt sich richtig rein, dann wirken auf diesen Punkt ca. dreißig Kilo und zwar direkt auf den Kehlkopf. Dieser Druck wird weitergeleitet auf alles, was durch den Hals so durchgeht und auf die Wirbelsäule. Kein Mensch, der halbwegs klar im Kopf ist, würde seinem Hund eine dünne Schnur um den Hals binden und ihn dreißig Kilo hinterher ziehen lassen. Haben Sie schon mal Schlittenhunde gesehen, die den Schlitten mit dem Hals ziehen? Warum legen Sie sich den Sicherheitsgurt über die Brust und den Bauch und nicht um den Hals? Sie brauchen also nur minimale physikalische und anatomische Kenntnisse, um zu verstehen, dass ein Halsband ganz sicher ungesund für Hunde ist.

Die Schmerzen und das unangenehme Gefühl am Hals sind aber auch hervorragend geeignet, Verhaltensprobleme zu produzieren. Die Wahrscheinlichkeit, dass die Schmerzen mit dem vorbeigehenden Hund, der Frau mit dem Kinderwagen, dem radfahrenden Kind oder sonst etwas verbunden werden, weil Sie jedes Mal an der Leine ziehen und rucken, wenn so etwas vorbeikommt, ist sehr groß. Sie erzeugen also eine wunderbare Leinenaggression. Zudem bringen Sie ihn jedes Mal in Imponierstellung, wenn Sie ihn am Hals festhalten, Sie ziehen ihm ja den Kopf hoch. Vielleicht wollte er dem entgegenkommenden Hund signalisieren, dass er ein Netter ist. Durch Ihre Manipulation am Halsband sieht der andere jetzt plötzlich einen Hund, der sehr unfreundlich dreinschaut. Und schon haben wir wieder ein selbsterzeugtes Problem.

Sie glauben nicht, dass das so ist? Dann denken Sie mal über folgende Geschichte nach, die ich mit Feriengästen erlebt habe. In diesem Beispiel geht es um einen ca. ein Jahr alten Deutschen Schäferhundrüden. Sein Frauchen hatte eine unserer Wohnungen gebucht, die im ersten Stock liegen und über eine Außentreppe erreichbar sind. Ihr Hund stand oben an der Treppe und sah mir ganz neugierig und freundlich entgegen, als ich mit dem Gästebuch hochging. Weil sie mir beweisen wollte, wie gut sie ihn im Griff hat, packte sie ihn – für ihn völlig unerwartet – am Halsband. Im gleichen Moment veränderte sich schlagartig sein Gesichtsausdruck. Da war nix mehr mit: Hallo, wer bist du denn? Sondern er nahm sofort einen drohenden Ausdruck an. Ich bat sie, das Halsband loszulassen, und alles war wieder in Ordnung. Bei einem älteren Hund wäre ich mir nicht so sicher gewesen, ob das so locker zu lösen wäre.

Ein Argument für die Verwendung eines Halsbandes, das man fast immer zu hören bekommt, wenn es sich um große Hunde handelt, ist: ich kann ihn sonst nicht halten, denn sobald er z.B. eine Katze sieht, ballert er los. Zugegeben, einen Riesenschnauzer oder Berner Senn halten zu wollen, wenn er richtig Gas gibt, dürfte kompliziert sein. Aber ist es wirklich gerechtfertigt, ihn mit Schmerzen davon abzuhalten? Abgesehen davon, dass Sie nicht nur gesundheitliche und Verhaltensprobleme vorprogrammieren, gibt es sehr wohl gewaltfreie Methoden, einem Hund das Katzenjagen abzugewöhnen. Bringen Sie ihm bei, beim Anblick einer Katze „Sitz" zu machen, üben Sie das Umlenkgeräusch ein, das weiter hinten beschrieben wird, werfen Sie mit Leckerchen um sich, sobald das Objekt der Begierde in Sichtweite ist ... alles besser, als ihm Schmerzen zuzufügen. Zudem gibt es eine rein mechanische Erklärung, warum Sie einen großen Hund am Brustgeschirr besser halten können: am Rückengurt ist das Halten wesentlich einfacher, da Sie hier näher am Schwerpunkt des Hundes ansetzen, der Halsbereich ist außerhalb des Schwerpunktes. Versuchen Sie einmal, einen schweren Gegenstand, z.B. einen Balken im und außerhalb des Schwerpunktes aufzuheben und zu tragen. Sie werden sofort merken, was leichter ist.

Manch ein Hundehalter behauptet auch, sein Hund würde nicht ziehen, deshalb könne er ruhig ein Halsband tragen. Es gibt tatsächlich Hunde, die von Anfang sehr gut an der Leine laufen und – in der Regel – auch nicht ziehen. Aber wer kann behaupten, dass er ein Hundeleben lang garantieren kann, dass sein Hund niemals in die Leine kracht? Was ist, wenn der Hund einen großen Schreck bekommt, weil etwa an Silvester in seiner Nähe ein Böller kracht? Oder der Hund wird von einem anderen attackiert und versucht wegzukommen? Oder ein Auspuff explodiert in seiner Nähe? Das alles sind Momente, über die wir keine Kontrolle haben und auch nicht vermeiden können. Wenn ein Hund aber erschrickt, ist die Wahrscheinlichkeit groß, dass er versucht wegzurennen und gerade dann kommt die unerfreuliche Wirkung des Halsbandes zur vollen Entfaltung. Wollen Sie wirklich risksieren, dass Ihrem Bello so etwas passiert?

Sie sollten also nicht nur an der lockeren Leinenhaltung arbeiten, sondern schnellstens ein gut sitzendes Brustgeschirr besorgen. Es gibt immer wieder Fälle, wo jedes Ziehen sofort aufhört, nur weil das Halsband gegen ein Brustgeschirr ausgetauscht wurde. Warum ist das so?

Hunde lernen situationsbedingt, das bedeutet in diesem Fall: Sie legen dem Hund das Halsband um, hängen die Leine ein und schon zieht er. Er hat verstanden, dass das Halsband weh tut, aber er versteht nicht, dass er nur „aufhören muss" zu ziehen, damit er kein Schmerzen mehr hat. Also zieht er, um dem unangenehmen Gefühl und dem Schmerz zu entkommen. Sobald aber der Verursacher, sprich das Halsband aus dem Spiel ist, ist es vielen Hunden egal, wo Sie die Leine einhängen. Der Zug und Druck, der automatisch durch die Leine entsteht – da muss noch keiner willentlich ziehen – ist weg und damit der Grund fürs Ziehen.

Das bedeutet nicht automatisch, dass ein Hund im Brustgeschirr nicht zieht. Die Tatsache, dass er am Halsband herumgezogen wird, ist nur deutlich ungesünder. Auf die Vorteile eines Brustgeschirrs vor allem in Verbindung mit der richtigen Leine kommen wir noch zu sprechen.

Die Leine

Die Leine und ihre Handhabung sind das zentrale Thema bei Leinenführigkeit. Deshalb gibt es dazu ein eigenes Kapitel.

Inkonsequenz

Niemand ist zu 100% konsequent. Wenn es jemand wäre, wäre er kein Mensch, sondern eine perfekt programmierte Maschine und die gibt es nicht, weil sie von unperfekten Menschen programmiert wird. Trotzdem

Jeder macht sein Ding

Für viele von uns bedeutet Erholung, nichts zu tun. Also nicht ganz „nichts", weil das gar nicht geht. Aber einfach mal so seinen Gedanken nachzuhängen, alle Pflichten und Aufgaben hinten zu lassen, die lästigen Sorgen wegschieben, das finden wir schön und erholsam. Falls Sie das immer mal wieder nötig haben, wählen Sie bitte einen anderen Zeitpunkt als ausgerechnet den Spaziergang mit Ihrem Bello.

Ihr Hund merkt sehr genau, ob Sie bei der Sache sind oder nicht. Wenn Sie nicht auf ihn achten, warum sollte er dann auf Sie aufpassen? Dazu gibt es keinen Grund. Er wird also an der Leine hierhin und dorthin zerren, schließlich bemerken Sie auch nicht die Anzeichen, warum er das tut, und können nicht eingreifen. Eine Zeitlang stört Sie das vielleicht gar nicht, weil Sie so in Ihre Gedanken vertieft sind, aber irgendwann nervt es Sie und dann werden Sie zornig. Nicht sehr gerecht, denn wie soll er denn verstehen, was Sie wollen? Sie sind damit inkonsequent und das ist – wie wir gelesen haben – ein sehr unerfreulicher Aspekt in der Hundeerziehung.

Ein Spaziergang, egal wie lange er dauert, sollte etwas Gemeinsames sein. Wenn beide nur zufällig, oder weil sie eben durch die Leine verbunden sind und nicht weg können, den gleichen Weg gehen, dann hat das nichts mit einem schönen, gemeinsamen Spaziergang zu tun. Falls Sie einfach nicht so drauf sind, dass Sie gut auf Bello achten können, dann fahren Sie mit ihm raus, wo er frei laufen kann. Zwar sollten Sie auch dann auf ihn achten und ihn nicht einfach sausen lassen, aber wenigstens zieht er dann nicht an der Leine.

Unterforderung

Hunde, die nicht ausreichend ausgeführt werden, nehmen an Zahl wieder zu. Das können Hunde sein, die nicht im Haus, sondern im Zwinger und auf dem Hof leben, oder Hunde in der Stadt, die zwei- bis dreimal täglich mal eben um den Block laufen. Es soll schon Hunde geben, die ein Kistchen für das tägliche Geschäft im Bad haben wie eine Katze. Ist seeehr praktisch, dann muss man nicht mal mehr mit ihm raus.

Wenn so ein Hund endlich raus darf, die eine knappe, dringend ersehnte Viertelstunde, die ihm gegönnt wird, dann hat er ein Riesenproblem. Er muss ganz eilig diese extrem kurze Zeit nutzen, um so viel wie möglich von der Hundewelt mitzubekommen. Dass ihm der Hals dabei weh tut, dass er Rückenprobleme bekommt, dass sein Mensch hinterher geschleift wird, alles egal. Wichtig ist jetzt nur, dass er schnüffeln, pinkeln, kacken kann, alles muss schnell erledigt werden. Er weiß schließlich, dass der Spaß gleich wieder vorbei ist. Dieser Hund wird vermutlich noch eine Menge anderer Unarten entwickeln, aber das Ziehen an der Leine ist für seinen Menschen so unangenehm, dass dagegen noch am ehesten etwas unternommen wird.

Ein Hund, der einigermaßen ausreichend spazieren geführt wird, aber in seinem Leben nicht wirklich viel Abwechslung hat, kann ebenfalls anfangen, wie ein Berserker zu ziehen. Aus schierer Langeweile und weil er nicht gelernt hat, dass es sich lohnt, auf seinen Menschen zu achten, zieht er mal hierhin, mal dahin, ganz wie es ihm einfällt. Ein wenig Abwechslung im Alltag kann da Abhilfe schaffen. Ganz einfache, kleine Unterbrechungen wie Leckerchensuche oder die gemeinsame Erforschung einer – für den Hund – interessanten Stelle können bewirken, dass er aufmerksamer wird und sich mehr für Sie und Ihre Ideen interessiert. Auch eine Variation der Spaziergänge – also nicht täglich die gleiche Strecke, ist dazu geeignet, den Hund abzubremsen und die Leinenführigkeit zu verbessern.

Überforderung oder: „... und ich wollte noch so wenig machen!"

Kennen Sie diese Karikatur von Bernd Zeller? Da sitzt ein Mann beim Arzt, der beglückt irgendwelche Papiere studiert und dem Mann freudig mitteilt: „Sie haben noch 70 Jahre zu leben!" Der Mann sieht ganz unglücklich aus und erwidert: „Oh je, und ich wollte noch so wenig machen!"
Sie kennen diesen Spruch anders, oder? Da erfährt jemand, dass er schwer krank ist und nicht mehr lange lebt und ist verzweifelt, weil er doch noch so viel vor hat. Das ist natürlich tragisch und darüber möchte ich mich auch sicher nicht lustig machen. Aber dieses „Ich-habe-ganz-viel-vor" macht uns und unseren Hunden oft das Leben schwer. Denn auch das Gegenteil von keiner oder zu wenig Beschäftigung kann dazu führen, dass Ihr Hund an der Leine zieht, nicht kommt, wenn er gerufen wird, keine Sekunde irgendwo warten kann...

Wenn ein Hund nicht mehr zur Ruhe kommt, weil sein Mensch pausenlos Forderungen an ihn hat, hat er irgendwann einen Stresslevel wie ein Siemens-Vorstandsvorsitzender. Zu viel Stress und eine schlechte Frustrationstoleranz sind wichtige Faktoren, die das Leben unserer Hunde stark beeinflussen. Unser Leben ist nicht sehr hundegemäß: wir sind furchtbar laut und hektisch, haben ständig Forderungen an unsere Umwelt und nicht zuletzt an unsere Hunde. Wir möchten jede Zeit, die wir mit Bello verbringen, sinnvoll nutzen, möchten dass er gut ausgelastet ist ... Und wie Menschen nun mal sind, übertreiben wir dabei maßlos. Manch ein Kanapeewolf hat einen Terminplan wie ein Topmanager und wäre besser bedient mit mehr Ruhe.

Das Thema „Stress bei Hunden" ist sehr komplex und kann deshalb hier nur am Rande erwähnt werden. Wenn Sie einen gestressten Hund haben, sollten Sie sich damit aber ausführlich beschäftigen. Dazu empfehle ich Ihnen das Buch „Stress bei Hunden" von Martina Scholz und Clarissa von Reinhardt, erschienen im animal learn Verlag.

Dauerkommandos

Viele Menschen leben in der Vorstellung, dass ein Hund pausenlos für alles Anweisungen braucht. Egal, was sie vorhaben, dem Hund wird alles haarklein vorgeschrieben. Unter anderem sind sie auch fest davon überzeugt, dass selbst Leinenführigkeit unter ein Kommando fallen muss. Und was sagt man da so üblicherweise? „Bei Fuß" natürlich – was auch sonst. Schließlich wäre es für uns einfach ideal, wenn unsere Pelznasen immer schön brav in unserem Tempo neben uns herlaufen und genau auf uns achten, wenn wir sie am Strick haben.

Was aber soll Ihr Hund davon halten, wenn Sie zum Einen so gut wie alles unter Kommando stellen, er nie im Leben eine eigene Entscheidung treffen darf, und zum Anderen beim Gehen an der Leine von ihm erwarten, dass er wie eine Maschine neben Ihrem linken, niemals am rechten Knie herläuft. Und leider muss ein Hund manchmal stundenlang an der Leine laufen: wenn Leinenzwang herrscht, an befahrenen Straßen und Plätzen, läufige Hündinnen, die verführerisch riechen, zweimal im Jahr drei Wochen lang, jagdtriebige Hunde in wildreichen Gegenden ... Es gibt viele Situationen, da muss es eben sein. Und da soll Ihr Hund immer exakt neben Ihnen gehen?

Da darf er nicht mal rechts, mal links schnuppern, keinen Meter zurückbleiben oder vorlaufen? Und wenn Sie vergessen, ihm das Kommando zu geben? Weiß er dann, was zu tun ist? Oder empfinden Sie es als selbstverständlich, dass er dann zieht? Schließlich haben Sie ihm ja kein Kommando gegeben. Oder glauben Sie, es ist normales Hundeverhalten, dass er sich sofort dort einordnet, wo es Ihnen am angenehmsten ist?

Je mehr Sie ihn bevormunden, umso unselbständiger wird er. Aber das ist nur eine Seite. Die andere ist: es ist für Hunde mindestens so unnatürlich, pausenlos in exakt definiertem Abstand an nur einer möglichen Seite eines Freundes zu laufen wie das Laufen an der Leine. Wenn Hunde zusammen unterwegs sind, dann gehen sie da hin, wo sie hin möchten. Schnüffelt der eine etwas länger, laufen die anderen schon mal weiter. Vielleicht warten sie auch, aber sie geben ihm ganz sicher kein Kommando „Bei Fuß" oder rufen ihn ab und verbieten ihm das Schnüffeln.

Zudem muss er ständig mit Ihnen Schritt halten und das ist für viele Hunde ein echtes Problem. In den Punkten „Freilauf" und „Geschwindigkeit" gehen wir noch genauer darauf ein. Außerdem muss er permanent seine und Ihre Individualdistanz unterschreiten. Mit einem meist sehr scharfen Kommando, bei dem ihm der Ton eigentlich vermittelt, dass Sie gerade keinen Bock auf ihn haben, zwingen Sie ihn, ganz nah bei Ihnen zu laufen und ja nicht abzuweichen – und das unter Umständen stundenlang. Kein Wunder, dass er nur noch weg möchte.

Freilauf

Manche Hunde haben nie, manche immer Freilauf.
Fangen wir an mit „nie". Wenn ein Hund nicht von klein auf lernt, wie er Ihnen im Freilauf folgen soll, dann gibt es unweigerlich Probleme mit der Leinenführigkeit. Denn spätestens ab dem 5. oder 6. Monat fängt er an, sich für den Rest der Welt und nicht mehr ausschließlich für Sie zu interessieren. Und das ist auch gut so. Es wäre kein Zeichen von Intelligenz und Selbstvertrauen, wenn Ihr Freund Zeit seines Lebens wie eine Klette an Ihnen hängt und sich für die Umwelt nicht die Bohne interessiert. Zudem ist es auch lästig, wenn er sich nicht mal einen Moment, und seien es nur wenige Minuten, selber beschäftigen kann. Wenn er aus dem Alter allmählich rauskommt, in dem er fast rund um die Uhr Ihren Schutz benötigt,

dann möchte er eben auch mal Sachen genauer unter die Lupe nehmen, die etwas weiter als die Leinenlänge von Ihnen weg sind. Was muss er also tun? Genau: er zieht an der Leine.

Zudem sind diese Hunde körperlich nicht richtig ausgelastet. Sie müssen immer mit uns Schritt halten und wenn Sie in normalem Spazierschritt unterwegs sind, ist das für viele Hunde nicht das richtige Tempo. Für eine gewisse Zeit kann man erwarten, dass wir uns einander anpassen, aber genauso wenig, wie Sie an jedem Grashalm stehen bleiben möchten, genauso wenig will Bello im immer gleichen Tritt neben Ihnen herlaufen. Um seine Muskeln vernünftig zu trainieren, muss er in seinem eigenen Rhythmus und Tempo laufen können.

Ist es dann besser, ihn so gut wie immer frei laufen zu lassen? Leider nicht, auch wenn es für ihn und uns eigentlich am schönsten wäre. Denn genau der Zeitpunkt, wenn er anfängt selbständiger zu werden, wird dann wieder zum Problem. Er hört nicht mehr so gut auf uns, weil er zu sehr abgelenkt ist, läuft er zu weit weg, es wird zu gefährlich, also rufen wir ihn permanent zurück. Oder wir nehmen ihn an die Leine und lassen ihn nicht mehr los. Die Leine wird damit zur Strafe für ein natürliches Verhalten in der Entwicklung Ihres Hundes. Und nachdem er als Welpe nicht gelernt hat, wie er an der Leine ordentlich geht, wird es jetzt zur Zeit des Freiheitsdrang ganz schön kompliziert. Denn er war ja bislang gewohnt, einfach dahin zu gehen, wo er eben hinwollte. Das ist auf einmal vorbei.

Die Geschwindigkeit

Menschen und Hunde passen oft nicht gut zusammen, was die Fortbewegung betrifft. Einer von beiden ist immer zu schnell oder zu langsam. Hunde haben aber aufgrund ihrer Rasse oder Größe eine bestimmte Geschwindigkeit, mit der sie sich idealerweise durch die Welt bewegen. Möpse sind eher gemächlich unterwegs, Collies eher flott. Dazu kommt, dass für Hunde die ideale Bewegung der Trab ist, für Menschen der Schritt. Sehr große Hunde, die gemächlich unterwegs sind, und kleine Hunde, die langsamer laufen, passen sich unserem Schritt noch am besten an, am schwierigsten ist es für mittelgroße Hunde.

Wenn wir jetzt einen eher flotten Hund haben, der durch seine Anlagen bedingt am liebsten im zügigen Trab laufen würde, z.B. ein Hütehund, und wir selber sind eher „Schnecken", die gerne gemütlich durch die Lande latschen, dann ist es logisch, dass unser Hund mehr an der Leine zieht, als einer, der Schneckentempo auch gut findet. Ebenso wird ein schneller Mensch seinen langsamen Hund hinter sich herziehen. In diesen Fällen muss man also gut darauf achten, dass man sich gegenseitig anpasst. Das kann man schon bei der Auswahl seines vierbeinigen Freundes beeinflussen. Couchpotatoes sollten sich demnach eher für Möpse und Sportler eher für Collies entscheiden.

Eine gemütliche Fortbewegungsart gewährleistet, dass sich Hunde alles ansehen und anschnüffeln können, was sie interessiert, dass sie sich Zeit nehmen können und nicht durch die Lande gejagt werden. Für die Hunde ist das sehr entspannend und für uns auch. Ideal ist die Geschwindigkeit dann gewählt, wenn Sie eine genügend lange Leine haben und beide lokker laufen können, ohne sich gegenseitig zu behindern. Da Hunde sehr oft seitlich etwas genauer beriechen müssen, können wir in aller Ruhe etwas langsamer an ihnen vorbei laufen und in der Regel kommt der Hund schon wieder mit, noch ehe das Ende der Leine erreicht wird.

Strecke machen

Gerade Besitzer von großen Hunden glauben, dass man mit Hunden durch die Welt rennen muss. „Strecke machen" ist hier das Stichwort. Sie haben irgendwann mal gelernt, dass ihr Deutscher Schäferhund beim Schäfer ca. 50 Kilometer am Tag laufen müsste. Also rennen sie wie angestochen mit ihm durch die Gegend. Denn dieser Hund braucht das. Der Hund lernt nie, dass man mal ruhig und gemütlich unterwegs ist, immer scheint man in großer Eile zu sein. Eigentlich weiß er gar nicht, warum Sie so rasen, aber es ist Ihr normales Verhalten unterwegs, also kommt er mit.

Dazu kommt, dass Menschen in der Regel geradeaus gehen, und zwar in einer relativ konstanten Geschwindigkeit. Hunde haben da schon eher mal den Drang rechts und links zu schnüffeln oder neben dem Weg etwas genauer zu untersuchen. Das passt aber Menschen nicht, also geben sie Gas und machen ihrem Hund dadurch klar, dass man es immer und permanent eilig hat.

Wann aber ist Eile für Hunde tatsächlich angesagt? Eigentlich nur, wenn man fliehen muss, auf der Jagd und dringend hinter fliehender Beute her ist, oder weil die Welpen oder ein Partner bedroht werden und man schnell hinlaufen und eingreifen, also kämpfen muss. Alles keine entspannten Situationen. Man kann sich gut vorstellen, dass ein Hund in einer sehr angespannten Lage nicht imstande ist, auf seinen Menschen zu achten und locker an der Leine zu laufen.

Auch hier spielt unser menschliches Zeitproblem wieder eine große Rolle. Wenn wir „nur" eine Stunde Zeit für den Spaziergang haben, dann müssen wir wenigstens sieben, anstelle der locker zu schaffenden vier bis fünf Kilometer schaffen. Was bedeutet das aber? Dass wir hetzen, hetzen, hetzen ...

Der erste Schritt in die falsche Richtung

Folgende Situation: ein Mensch geht mit seinem angeleinten Hund spazieren und trifft einen Bekannten, mit dem er sich einen Moment unterhalten möchte. Also bleibt er stehen. Der Hund hat damit kein Problem, er schnüffelt hier und da, aber irgendwann ist der Punkt erreicht, da stellt er ein bisschen weiter weg auch einen interessanten Geruch fest und möchte hin. Nur ist die Leine einfach zu kurz. Also zieht er. Und was macht der Mensch? Vollkommen konzentriert auf seinen Gesprächspartner macht er einen größeren Ausfallschritt in Richtung Leinenzug. Schlimm? Kommt drauf an. Wenn Sie einen leinenführigen Hund möchten, dann kann das schon schwierig werden. Denn hier lernt der Hund: ich muss nur ziehen, dann komme ich dahin, wo's so gut riecht. Und da Hunde unter anderem am Erfolg lernen, wird er ganz fix kapieren, dass Ziehen das Mittel der Wahl ist. Also braucht er doch ein Kommando, oder? Nein, braucht er nicht.
Falls Sie nicht vorhaben, ständig stundenlang irgendwo bewegungslos rumzustehen und von Ihrer Pelznase erwarten, dass sie ebenfalls starr und steif neben Ihnen verharrt, können Sie ohne großen Aufwand einüben, dass manchmal eben eine kleine Pause an der Leine angesagt ist. Wenn Sie allerdings zu den Menschen gehören, die ihre Füße nicht stillhalten können und unter „stehenbleiben" verstehen, dass Sie mehrere Quadratmeter zum „Tanzen" brauchen, also auch im sog. Stillstand permanent in Bewegung sind, dann wird Ihr Hund vermutlich nie lernen, ruhig bei Ihnen zu bleiben. Deshalb kann der erste Schritt in die – für Sie – falsche Richtung auch ein Problem werden.

Krankheit

Es gibt Krankheiten, die verursachen solche Schmerzen, dass die Hunde permanent davon laufen möchten oder kaum in der Lage sind, langsam zu gehen. Dazu gehören Skeletterkrankungen wie HD oder Arthrose. Unter Umständen verschafft dem Hund das Ziehen tatsächlich Linderung, wenn er durch den Zug verhindern kann, dass die Gelenke aneinander reiben und dadurch Schmerzen entstehen. Wenn Sie ganz sicher sind, dass Sie alles getan haben, was im Training möglich ist und über einen längeren Zeitraum keine wirkliche Besserung bei der Leinenführigkeit eintritt, evtl. andere Anzeichen für eine Erkrankung auftreten, dann sollten Sie Ihren Freund von Ihrem Tierarzt gründlich untersuchen lassen. Die Symptome besprechen wir nicht, weil sie sehr vielfältig sein können und den Rahmen dieses Buches sprengen würden.

Einfach zu viel los!

Ein Hund, der sehr isoliert aufwächst, etwa auf dem Land wohnt mit einem schönen großen Garten und einem großen, einsamen Waldgebiet hinterm Haus, wo man stundenlang laufen kann, ohne jemandem zu begegnen, ist komplett überfordert, wenn er plötzlich mit etwas mehr Ablenkung konfrontiert ist. Das gilt auch für Hunde, die immer nur im gleichen Gebiet spazieren gehen und alles kennen, was hier geboten ist. Herrchen achtet hier gut darauf, dass Bello nicht zieht und weil insgesamt alles in Ordnung ist, geht Bello ganz locker an der Leine.

Aber wehe, er kommt in der Hundeschule zum ersten Mal in eine Gruppe und soll etwa mit mehreren Hunden spazieren gehen. Oder Herrchen fährt mit ihm in die Stadt und geht mal ins Auslaufgebiet. Bello ist total von der Rolle und vergisst völlig, dass er mal sowas wie Impulskontrolle oder gar Leinenführigkeit gelernt hat. Bedeutet das, dass Sie auf Hundegruppen und Auslaufgebiete verzichten müssen? Bedeutet es natürlich nicht. Sondern das heißt, dass Sie alles unter wachsender Ablenkung üben müssen, wenn Menschen und Hunde unterwegs sind, Vögel auffliegen oder Katzen über den Weg laufen ...

Auf, auf zum fröhlichen Jagen ...

Alle Hunde können jagen, auch Chihuahuas oder Bernhardiner. Der eine ist mehr, der andere weniger daran interessiert, aber wenn ein Hund überhaupt kein Interesse an der Jagd hätte, dann könnten Sie keine Spiele wie Zerren oder Ball werfen mit ihm machen.

Dies hier ist kein Buch über Antijagdtraining, deshalb wird dieser Punkt nur der Vollständigkeit halber erwähnt. Tatsache ist, dass viele Hunde an der Leine kaum noch zu halten sind und nur noch Tomaten auf den Ohren haben, wenn sie in wildreichem Gebiet unterwegs sind. Sollte das bei Ihrem Bello so sein, können Sie zwar ebenfalls die ganzen Tipps durchtrainieren, die am Ende beschrieben sind. Sie sollten sich zusätzlich überlegen, eine gewaltfrei arbeitende Hundeschule aufzusuchen und sich kompetent beraten zu lassen. Vermutlich müssen Sie Ihrem Hund ergänzend zum Gehorsamstraining auch eine Alternative zum Jagen bieten.

Dauernd rennt einer davon ...

Für viele Hundebesitzer ist der gemeinsame Spaziergang mit anderen Hundebesitzern ein wichtiger Bestandteil ihres Alltags. Ist ja auch was Nettes, wenn so eine Truppe, bei der sich die Menschen und Hunde gut verstehen, gemeinsam unterwegs ist. Sollten Sie aber gerade intensiv an der Leinenführigkeit arbeiten, wäre es gut, wenn Sie nur dann mitgehen, wenn alle immer frei laufen können. . Denn die meisten Hunde ziehen an der Leine, wenn andere voraus gehen. So etwas muss man explizit üben und das geht in diesen Gruppen meistens nicht so gut, wenn man es nicht vernünftig plant. Das gleiche gilt auch, wenn Sie mit mehreren Menschen, z.B. Familie mit Kindern und Hund unterwegs sind. Sobald die Kinder voraus rennen – und das tun Kinder nun mal – will der Hund hinterher. Vielleicht möchte er auf sie aufpassen, vielleicht mit ihnen spielen, egal. Er will hinterher und wenn er angeleint ist, zieht er eben.

... nie darf er was in Ruhe ansehen ...

Manche Hunde müssen sehr viel genauer unbekannte oder interessante Objekte beobachten als andere. Das kann rassebedingt sein. Ein eher wachsamer Hund wie ein Herdenschutzhund, ein Berner Senn oder Malinois muss alles genau kontrollieren, um es auf seine Ungefährlichkeit hin zu untersuchen. Falls Sie stolzer Besitzer eines Herdenschutzhundes sein sollten, wissen Sie, dass sich diese Hunde auch beim Spaziergang zu einer Kontrolle auf Entfernung teilweise sogar hinlegen, damit sie alles genau in Ruhe betrachten können. Sowie der Hund festgestellt hat, dass alles in Ordnung ist, steht er auf und es geht weiter.

Viele Menschen halten das für unnötig. Sie drängen die Hunde zum Weitergehen oder bringen ihnen sogar eine Art Abbruchsignal im Sinne von „das ist jetzt genug" bei, auf das hin die Hunde mitkommen sollen. Zum einen reagieren viele Hunde auf solche Aktionen mit wachsender Kontrolltätigkeit, weil sie Angst vor dem Kontrollverlust haben. Wer nicht die nach seiner Ansicht nötige Kontrolle über die Welt ausüben kann, leidet zwangsläufig unter Kontrollverlust. Dies geht einher mit Unsicherheit und mangelndem Selbstvertrauen. Viele Hunde neigen dann auch zum Ziehen an der Leine, da sie die wenige Zeit, die ihnen zur Kontrolle verbleibt, dringend nützen müssen oder auch, weil sie der unangenehmen Situation entweichen wollen oder weil der Druck zu viel wird. ...

Wäre es nicht besser, man nimmt sich ein bisschen Zeit und lässt Bello einfach gucken?

... und warum klappt's bei Ihrem Hund nicht so gut?

Die Gründe, warum ein bestimmter Hund Leinenführigkeit nicht beherrscht, sind vermutlich so zahlreich wie es Hunde gibt. Leider wird dadurch unser Zusammenleben sehr schwierig, denn ein Hund, der zieht, mit dem geht man nicht gerne spazieren. Sehr oft handelt es sich um eine Mischung aus verschiedenen Ursachen und es ist nicht immer einfach, alle Gründe herauszufinden. Das macht aber für das konkrete Training erst einmal nichts. Ein paar Gründe werden Ihnen sicher schon beim Lesen eingefallen sein, die eine oder andere Situation kommt Ihnen bekannt vor, und hier können Sie wunderbar ansetzen. Im Laufe des Trainings werden Sie sich bestimmt noch an Vorkommnisse erinnern, die Sie ein Stück weiterbringen, so dass Sie das Training effektiv gestalten können.

Fritzi ist fertig mit Schnüffeln und schaut sich um Wo gehts weiter?

Wer zieht hier an wem?

Es ist wichtig, die Gegend genau zu kontrollieren – sonst weiß man nicht Bescheid

4. Die Leine

In unserem Beispiel aus dem Kapitel „Die Zeit, sie eilt ..." habe ich die Meterleine erwähnt, die der Welpe vom Züchter mitbekommen hat. Viele Züchter machen das nach wie vor so und Ersthundebesitzer denken damit automatisch, dass das schon die richtige Leine sein wird. Auch viele Vereine und Hundeschulen nehmen daran keinen Anstoß – leider.

Eine Leine von einem Meter Länge ist immer zu kurz. Es gibt viel zu viele Situationen, in der jeder Hund jeder Größe ziehen muss: ein großer, wenn er sich bückt, ein kleiner hängt sowieso schon drin, weil die Entfernung Hunderücken – Menschenhand ca. einen Meter beträgt. Und jeder Hund zieht in dem Moment, wo er nur ein wenig seitlich oder nach hinten oder vorne abweicht. Viele Hunde ziehen aus Vorfreude, wenn es losgeht zum Spaziergang oder beim Anblick eines Kumpels ...

Nun gut, sagen jetzt viele, der Hund soll ja auch an der lockeren Leine neben mir laufen. Aber was macht ein Hund an einer zu kurzen Leine, wenn er mal Pipi oder ein großes Geschäft machen möchte? Gehen Sie dann jedes Mal mit ihm ins Gebüsch? Wohl eher nicht. Sie müssen also entweder dafür sorgen, dass er immer Freilauf hat, wenn er mal muss, oder Sie gehen nur da mit ihm, wo er unmittelbar neben dem Weg hinmachen kann. Beides dürfte ziemlich schwer zu realisieren sein. Denn auch wenn Sie in der Prärie wohnen, ist es durchaus möglich, dass er zu bestimmten Zeiten, z.B. im Frühsommer während der Brut- und Setzzeit, an der Leine gehen muss. Und dass Sie immer mit ihm Stellen finden, egal wo Sie sind, wo er gleich neben dem Weg sein Geschäft machen kann, erscheint mir auch nicht sehr wahrscheinlich. Zudem möchten viele Hunde dafür lieber ein bisschen in die Büsche und ein wenig Abstand zu Ihnen gewinnen. Haben Sie es gern, dass direkt neben Ihnen jemand steht, wenn Sie auf dem Topf sitzen? Nein? Sehen Sie.

Und was bedeutet: an lockerer Leine nebenher laufen? Haben Sie sich schon Gedanken über die Interessen und Bedürfnisse Ihres Hundes gemacht, denen er bei einem Spaziergang nachgehen möchte? Eigentlich nachgehen muss, wenn Sie nicht einen Roboterhund, sondern ein lebendiges, an der Welt interessiertes Wesen bei sich haben möchten. Gerade junge Hunde müssen mal hier, mal dort schnüffeln, etwas genauer ansehen und beobachten. Das geht sicher nicht, wenn er wie ein aufgezogenes

Blechspielzeug neben Ihnen herläuft. Hunde, die gleichmäßig im selben Tempo wie ihr Mensch über eine längere Strecke neben dem Menschen herlaufen, sind nicht gut erzogen, sondern sie wurden mit psychischer oder physischer Gewalt, z.B. dem Leinenruck, dazu gebracht, alle eigenen Interessen hinten an zu stellen und das Interesse des Menschen als oberstes Gebot zu akzeptieren. Was hat das mit freundlichem Umgang mit einem vierbeinigen Freund zu tun?

Außerdem rucken Sie automatisch, ohne dass Sie das bewusst vorhaben, an einer Leine, wenn sie nicht lang genug ist. Das passiert einfach durch Ihre Arm- und Handbewegungen beim Laufen, die Sie nicht beeinflussen können. Bello bekommt das zu spüren. Empfehlenswert ist deshalb eine Leine, die lang genug ist.

Die freundliche Verbindung zwischen Mensch und Hund

Leinen sind heute ein unumgänglicher Bestandteil in jedem Hundehaushalt. Es gibt so viele Situationen in unserem Leben, in denen Hunde an der Leine geführt werden müssen. Umso wichtiger ist es, dass Sie und Ihr Bello die Leine als freundliche Verbindung zwischen ihm und Ihnen ansehen: Sie teilen sich gegenseitig sehr viel über die Leine mit. Wer das verstanden hat, hat einen großen Schritt in Richtung guter Leinenführigkeit getan.

Das bedeutet auch, dass Sie bei der Auswahl der Leine die Verletzungsgefahr für sich und ihn, so gut es geht, ausschließen. An der Leine sollten keine Ringe und Ösen befestigt sein, die Sie eigentlich nicht brauchen. Sie können mit den Fingern dort hängen bleiben oder die Leine hakt sich irgendwo fest.

Die Flexileine

Es gibt wenige Dinge, bei denen sich die meisten Hundetrainer einig sind. Dazu gehört der Gebrauch der Flexileine. Eine Flexileine erzieht so gut wie jeden Hund – Ausnahmen sind erlaubt – zum Ziehen an der Leine. Abgesehen davon sind sie unglaublich gefährlich. Die Tierärztin, die meine Hunde betreut, wird ganz nervös, wenn sie diese Leinen sieht. Mit gutem Grund.

Meine ersten Erfahrungen mit Flexileinen machte ich im Alter von 12 Jahren, und das ist schon ein paar Jahrzehnte her. Eine alte Dame von über

80 Jahren wohnte in einem der Nachbarhäuser mit einer uralten Zwergpudeldame von ca. 17 Jahren. Beide waren schon sehr tüdelig, sahen und hörten nicht mehr gut, aber sie waren sich selbst genug und liebten sich sehr. Eines Tages gingen sie gerade spazieren, als ich mit meiner Freundin unterwegs war. Wir wohnten an einer stark befahrenen Einfallstraße im Osten von München, vierspurig mit Straßenbahn in der Mitte. Die Straße war vom Bürgersteig durch einen schmalen Grünstreifen und einen Radweg getrennt. Die Pudelhündin wollte auf den Grünstreifen, ihr altes Frauchen ging auf dem Bürgersteig, die Kleine hatte die Flexileine dran, zog vom Bürgersteig über den Radweg und es kam ein Radfahrer des Wegs und überfuhr das arme, alte Mädchen. Die alte Dame war außer sich und meine Freundin und ich, als tierliebe Hundefreundinnen, rannten hin und versuchten zu helfen. Das Ende vom Lied war, dass uns jemand mit Hund und Frauchen in ein Taxi steckte und wir fuhren zum Tierarzt.

Was glauben Sie? Ging die Geschichte gut aus? Nein, ging sie nicht. Die Hündin wurde erlöst, alles andere wäre Tierquälerei gewesen. Und in meinem Leben werde ich nicht vergessen, wie diese alte Dame, die immer sehr still und distanziert gewesen war, aufheulte und weinte und schrie, weil sie ihre letzte Lebensgefährtin verloren hatte. Für 12jährige Mädchen, so tierlieb und nett sie auch sein mögen, war das eine heftige Herausforderung, die kaum zu bewältigen war.

Um auf unsere Tierärztin zurückzukommen: das ist nicht nur eine Horrorgeschichte aus meiner Jugend, das ist leider immer noch Realität mit Flexileinen. Der Mensch denkt, dass er seinen Hund an der Leine hat und während er sich sicher wähnt, rennt der Hund geradewegs in den Tod oder jemand wird verletzt oder oder oder ... So schnell kann kein Mensch reagieren, keiner erwischt das Stoppknöpfchen schnell genug, und wenn, ist es meistens zu spät. Aber selbst wenn solche schauerlichen Sachen nicht passieren: Die wenigsten Menschen machen sich die Mühe, ihren Hund an der Flexileine heranzurufen. Mittels Knopfdruck wird die Leine einfach mitsamt Hund hergezogen, stopp and go im Rückwärtsgang gewissermaßen. Was, glauben Sie, macht die Pelznase? Na logisch, Hund stemmt sich dagegen. Würden Sie auch tun.

Also: werfen Sie dieses Teil, so Sie eines haben, schleunigst auf den Müll. Es ist gefährlich, erzieht Sie zur Unachtsamkeit gegenüber Ihrem Hund und den Hund zum Ziehen an der Leine.

Retriever- oder Moxonleinen

Die sogenannten Retriever- oder Moxonleinen bestehen aus einer Leine, die eine Schlaufe integriert haben. Dadurch brauchen die Hunde kein Halsband, die Schlaufe wird einfach über den Kopf gezogen und das An- und Ableinen entfällt. Sie haben einen Stopp, damit sich die Schlaufe nicht zuziehen und den Hund nicht würgen kann. Leider ist das graue Theorie. In dem Moment, in dem der Hund an dieser Leine zieht, wird er durch die Schlaufe gewürgt, so wie er an jedem Halsband mehr oder weniger gewürgt wird.

Dazu kommt, dass es sich bei den Moxonleinen um Rundleinen handelt. Während ein Leder- oder Kunststoffhalsband immer mindestens einen Zentimeter breit ist, ist hier die Linie, die am Hundehals aufliegt bestenfalls im Millimeterbereich. Je geringer aber die Auflagefläche der Leine am Hals ist, umso mehr wird der Hund gewürgt, umso größere gesundheitliche Schäden entstehen, umso mehr Schmerzen hat er. Das Argument zur Verwendung dieser Leine ist: dann brauche ich kein Halsband und An- und Ableinen geht schneller. Wenn es nicht so traurig wäre, müsste man darüber lachen. Selbst bei einem Halsband dauert das An- und Ableinen maximal ein paar Sekunden. Die hat man nicht übrig? Lieber verursacht man seinem Hund gesundheitliche Schäden und fügt ihm Schmerzen zu? Weil wir keine Zeit haben?

Die Schleppleine

Schleppleinen lassen viele Hundehalter und Hundetrainer permanent am Boden schleifen. Das sollte aber nicht generell der Fall sein. Das Ende der Leine, egal wie lang sie ist, gehört immer in Ihre Hand. Immer! Eine Leine, die Sie nicht in der Hand halten, müssen Sie erst gar nicht am Hund fixieren. Der findet das vielleicht komisch, warum er dieses Ding hinter sich herzerren soll. Aber Menschen haben nun mal komische Ideen, also findet er sich damit ab. Wenn das Ende der Leine auch nur einen Meter vor Ihnen am Boden liegt und Bello entscheidet sich zu einer Attacke auf die Katze am anderen Ende der Wiese, dann merken Sie das vermutlich erst, wenn er schon durchgestartet ist. Wie wollen Sie dann an ihn hinkommen und ihn stoppen?

Auch wenn Sie das Ende in der Hand haben, ist es nicht unbedingt sinnvoll, die Leine schleifen zu lassen, außer Sie sind sehr aufmerksam und die Leine ist leicht genug, um Ihre Pelznase nicht zu behindern. Je länger eine Leine ist, um so mehr wiegt sie auch. Wie sich das Gewicht tatsächlich auswirkt, merken Sie erst, wenn Sie die Leine hinter sich herziehen. Da erlebt man erstaunliche Sachen. Es gibt mitlerweile sehr leichte Kunstoffleinen, z.B. Biothaneleinen, die man auch in allen Längen erhält. Leder, das am haltbarsten ist, ist für sehr kleine Hunde nicht geeignet, weil es deutlich schwerer ist. Wer sowieso immer Handschuhe trägt, kann sich eine gute Schleppleine auch aus steifem Jalousieband in beliebiger Länge fertigen. Diese Leinen sind extrem leicht und stabil. Sie wickeln sich auch nicht so leicht um Büsche und Bäume und sind leicht sauber zu halten. Ich verwende sie sehr gerne beim Mantrailing, wenn die Hunde eine längere Leine benötigen. Auch beim Leinenführigkeitstraining sind sie von großem Vorteil.

Für manche Hunde kann es sinnvoll sein, ein Training mit einer möglichst langen Leine zu beginnen. Der Hund lernt dabei, dass zwar was an ihm dranhängt, ihn aber nur minimal bis gar nicht behindert. Wenn Sie sich z.B. für eine 20-Meter-Leine entscheiden, machen Sie einfach in bestimmten Abständen, etwa bei 3, 5, 10 und 15 Metern einen Knoten. Langsam arbeiten Sie sich an eine kürzere Distanz heran, bis Sie bei der Leinenlänge sind, die Sie für sich vernünftig erachten, z.B. bei drei Metern.

Wenn Sie die Leine jetzt grundsätzlich durchhängen, also ein Stück am Boden schleifen lassen, kann es zu verschiedenen problematischen Situationen kommen. Die Leine kann sich irgendwo verhaken, z.B. an einer Wurzel auf dem Weg, und Bello bekommt einen Ruck. Oder Sie bekommen nicht mit, wenn er sich auf den Weg zu den Freunden des Waldes oder über die Straße zu seinem Erzfeind macht. Unter Umständen verwikkelt er sich leichter in der Leine und verletzt sich. Halten Sie die Leine dagegen so, dass sie immer locker durchhängt, merken Sie einerseits sofort jede Bewegung Ihres Hundes, ohne hinzusehen, andererseits kann sie nirgends hängenbleiben. Das ist ein wenig mühsamer und erfordert mehr Geschick und Aufmerksamkeit Bello und der Leine gegenüber. Aber Achtsamkeit im Umgang mit Hunden ist ein wichtiger Punkt für eine gute Leinenführigkeit. Schließlich erwarten Sie im Gegenzug auch Achtsamkeit von ihm.

Die 2-Meter-Leine

Für manche Hunde und manche Situationen kann eine 2-Meter-Leine sinnvoll sein. Wenn Sie in der Stadt auf schmalen Gehwegen unterwegs sind, ist oft besser, den Hund an einer kürzeren Leine zu führen, die aber trotzdem gewährleistet, dass er eine gewisse Bewegungsfreiheit hat. Sie müssen ihn an diese kurze Leine aber langsam und vorsichtig gewöhnen. Es bringt nichts, wenn Sie in der Regel mit einer 20-Meter-Leine durch die Lande laufen und auf einmal auf zwei Meter umstellen. Es gibt auch Hunde, die haben damit kein Problem, das sie sowieso an Ihrer Seite kleben. Bei diesen Hunden kann es sogar sinnvoll sein, sie langsam daran zu gewöhnen, dass sie auch weiter weg gehen dürfen.

Die Flexileine an diesem kleinen Hund ist immer straff – egal was er macht

So locker sollte die Leine besser nicht sein

5. Nicht springen! – Das Bild im Kopf

Peter und Freddy sind Brüder. Als sie acht und vier Jahre alt waren, kam Peter, der Ältere, eines Tages nach Hause und sah Freddy im offenen Fenster ihrer Wohnung im 1. Stock stehen. Freddy, der allein zu Hause war, winkte begeistert seinem großen Bruder zu und rief: „Schau mal, Peter, was ich kann!" Er war hocherfreut, dass er es geschafft hatte, aufs Fensterbrett zu klettern und das Fenster zu öffnen. So einen großartigen Überblick hatte er noch nie gehabt. Peter blieb stehen und rief seinem kleinen Bruder in aller Ruhe zu: „Fein, Freddy, bleib stehen! Ich komm gleich zu dir!" Ganz langsam und ruhig ging er ins Haus, die Treppe hoch, sperrte die Wohnungstür auf und näherte sich behutsam seinem kleinen Bruder, der immer noch im offenen Fenster stand. Er nahm ihn vorsichtig in die Arme und hob ihn runter. Dann brach er ohnmächtig zusammen.

Diese Geschichte hat mir die Mutter der beiden erzählt, und jedes Mal, wenn ich sie erzähle, habe ich einen Kloß im Hals. Stellen Sie sich mal vor, Peter hätte so panisch reagiert, wie es häufig der Fall ist, hätte die Arme hochgerissen und geschrien: „Nicht springen, Freddy!" und wäre auf das Haus zugerannt. Freddy hätte vermutlich verstanden: „Springen, Freddy!". Oder er wäre, angesteckt von Peters Panik, unsicher geworden und wäre ins Stolpern gekommen. Das Ergebnis wäre das Gleiche: ein zumindest schwer verletztes, vielleicht sogar totes Kind. Denn in diesem Alter gibt es kein „nicht" für Kinder. Das ist der Grund, warum diese Art von Unfällen mit Kindern leider oft passiert. Sie hören „spring", sehen die ausgebreiteten Arme und springen. Peter hatte von seiner Mutter, die Sozialpädagogin ist und mit Kindern arbeitet, gelernt, dass man immer sagen muss, was der andere tun soll, das ist viel leichter auszuführen, als etwas nicht zu tun. Oder wissen Sie, wie „nicht tun" geht? Der kleine Kerl hatte im Alter von acht Jahren genau verstanden, auf was es ankam: Ruhe bewahren und eine klare Anweisung geben, dann in aller Ruhe hingehen und den kleinen Bruder in Sicherheit bringen. Das war eine so enorme Anspannung für ihn, dass er daraufhin ohnmächtig wurde.

Das Bild im Kopf ist manchmal unser stärkstes Hindernis, aber – wie man an dieser Geschichte sehen kann – auch unser wichtigster Helfer. Denn: was habe ich im Kopf, wenn ich rufe: „Nicht springen!"? Ich sehe ein springendes Kind, das auf dem Pflaster zerschellt. Alle grässlichen Bilder, die ich je von zerschlagenen, verrenkten Gliedmaßen und Blut im Rinnstein, von verzweifelten

Eltern und hilflosen Ärzten gesehen habe, jagen durch meine Vorstellung. Und ich übermittle dem Kind die Botschaft: Genau das passiert jetzt sofort! Denn das ist das Bild, das ich im Kopf habe und das ist die Anweisung, die es bekommt: „spring!". Das „Nicht" ist dabei völlig belanglos. Ich könnte vorher auch sagen: „Apfelkuchen" oder „hör mal" oder was auch immer. Das Unterbewusstsein kennt kein „Nein". Deshalb reagieren Kinder – und Hunde – auch oft so konträr auf unsere negativen Anweisungen. Denn wenn Freddy **nicht** springen soll, was soll er dann tun? Ganz einfach: stehenbleiben. Und zwar so lange, bis jemand kommt, der ihn in Sicherheit bringt.

Wir leben in einer Fehlerkultur. Das haben wir so verinnerlicht, dass wir lieber nach Fehlern suchen und „Nicht"-Anweisungen geben, als uns zu überlegen, was wir richtig machen, bzw. wie wir es richtig machen können. Denken Sie doch nur an die Schule. Lernen ist so etwas Wunderbares, jedes Kind freut sich zunächst, wenn es in die Schule kommt und dort etwas Neues lernen darf. Aber im Laufe der Zeit wird das fast allen ausgetrieben. Ein Diktat, in dem von 100 Wörtern 90 richtig sind, wimmelt nur so von roten Anstreichungen, weil bei zehn Wörtern etwas falsch ist. Keiner sagt einen Ton dazu, dass 90 Wörter richtig waren, nur die falschen zählen. Ein Lösungsansatz bei einer Rechenaufgabe, der einen richtigen Weg nimmt, aber im letzten Schritt einen Fehler macht und zu einem falschen Ergebnis führt, bringt null Punkte, da eben nur das Ergebnis zählt. Ich glaube, dass es ein großer Unterschied ist, wenn ich in eine Prüfung gehe und weiß: wenn ich 90 % richtig habe, dann ist das großartig und ich konzentriere mich automatisch auf das, was ich kann. Aber wenn ich denke: bei 10% Fehlern bekomme ich so und so viele Punkte abgezogen und eine schlechte Bewertung, dann konzentriere ich mich nur auf die Vermeidung von Fehlern, die ich dann auch prompt mache.

Erinnern Sie sich an die Lehrer, bei denen Sie schon Panik bekamen, wenn sich nur deren Augen auf Sie richteten? Am liebsten wären Sie im nächsten Mauseloch verschwunden. Wenn eins dagewesen wäre und Sie hineingepasst hätten. Und ganz sicher waren Sie nicht in der Lage, das, was Sie eigentlich sicher wussten, so zu vermitteln, dass eine gute Note herausgekommen wäre. Denn Angst macht Stress und unter Stress ist man nicht mehr in der Lage vernünftig zu denken und klaren Kopf zu bewahren, geschweige denn, Anforderungen zu bestehen. Ein Lehrer, Vorgesetzter, Trainer, Partner oder eben auch Hundebesitzer, der nur darauf achtet, was sein Zögling falsch machen kann und damit auch die Aufmerksamkeit seines

Gegenübers nur darauf richtet, wie es nicht geht, produziert automatisch das Verhalten, das er nicht möchte. Was der Hund oder Mensch richtig und gut gemacht hat, fällt hinten runter und wird als selbstverständlich vorausgesetzt.

Wie oft hören Kinder: Das kannst du nicht, dazu bist du zu klein, zu jung. Was wird ihnen dabei vermittelt? Selbstvertrauen ganz gewiss nicht. Was passiert in einem Betrieb, wenn ein Unternehmensberater durchläuft? Kein Mensch erwartet hier, dass einem geholfen wird, sondern es wird nach Fehlern gesucht, damit man Leute entlassen kann oder um Gewinne zu optimieren. Zu wessen Gunsten läuft das? Sicher nicht zu Gunsten derer, die die Arbeit machen.

Selbst Dinge, die wir positiv darstellen möchten, werden durch das Wort „nicht" geprägt. „Geht nicht, gibt's nicht!" ist so ein Spruch. Eigentlich möchte man sagen, dass alles geht, wenn man nur will und es richtig angeht. Aber in diesem kurzen Satz mit 4 (vier!!) Wörtern sind zwei davon „nicht". Oder „Nicht vergessen: Licht ausmachen". Wäre es nicht besser zu sagen: „Bitte das Licht ausmachen"?

Wir haben so eine Angst, etwas falsch zu machen, dass wir uns oft krampfhaft vornehmen, „jetzt" alles richtig zu machen, z.B. wenn wir ein Kind bekommen, einen neuen Partner finden, eine neue Arbeit antreten oder uns einen Hund ins Haus holen. Womit wir wieder bei den Hunden angekommen wären. Was glauben Sie, wie oft ich von neuen Kunden höre: „Bei diesem Hund möchte ich alles richtig machen, deshalb komme ich zu Ihnen." Der Vorsatz ist wunderbar, aber in der Regel steckt die Angst dahinter, etwas „falsch" zu machen. Und gleicht taucht die nächste Frage auf: was ist richtig und was ist falsch?

Ist es richtig, wenn ein Hund zieht, ist es falsch, wenn er neben Ihnen läuft? Sie haben schon richtig gelesen. Denn diese Frage kann man sehr wohl mit „ja" beantworten. Wenn ein Hund zieht, weil Sie ständig an ihm rumgezerrt haben, dann hat er recht mit seiner Zieherei, dann ist das richtig, weil Sie ihm gesagt haben: Ziehen ist normal, ich tue das auch. Und wenn Sie ihm beigebracht haben, ständig und immer und überall „bei Fuß" zu gehen, dann ist das falsch, weil es weder sinnvoll noch angenehm ist und den Bedürfnissen Ihres Hundes nicht gerecht wird. Das bedeutet aber nicht, dass es falsch ist, seinem Hund ein Bei-Fuß-Kommando beizubringen, oder richtig, ihn ziehen zu lassen. Verwirrend, oder?

Und dann gibt es noch Situationen, in denen möchten Sie definitiv, dass er zieht. Falls Sie mit ihm Mantrailing betreiben, wissen Sie, dass so gut wie jeder Hund zieht, kurz bevor er bei seiner Versteckperson ankommt. Auch Jagdhunde, die zur Nachsuche ausgebildet sind, ziehen, wenn sie nahe an dem angeschossenen Tier sind. Das ist also ein eindeutiges Zeichen: wir sind gleich da! Und das möchten wir in dieser Situation auch. Sie sehen, so ganz einfach sind diese Fragen nicht zu beantworten.

Gehen wir zurück zu den Bildern, die wir im Kopf haben, dann löst sich Ihre Verwirrung hoffentlich auf.

Wir lassen die zahlreichen Gründe, warum unser Bello so schauerlich zieht, mal beiseite. Im Moment haben wir dazu keine Zeit, weil uns schon alles weh tut, während er uns den Weg entlang schleppt. In unserem Kopf geht es dauernd rund: jetzt zieht er schon wieder so schrecklich, mein Gott, kann er nicht endlich damit aufhören! Und schon hört Bello: jetzt zieh doch nicht so! Und was macht er? Na, logisch, er zieht weiter. Sie vermitteln ihm ja auch nichts anderes. Sie denken ständig und ausschließlich an einen ziehenden Hund, der sich schon die Seele aus dem Hals keucht und nur noch in Schräglage mit Ihnen als Schleppanker unterwegs ist. Dazu kommen Sie sich – sehr verständlich, aber wenig hilfreich – total blöd und lächerlich vor. Sieht ja auch wirklich doof aus, wenn man sich so durch die Gegend schleifen lässt. Aber was tun?

In so einer Situation ist man in der Regel nicht in der Lage, ein harmonisches Bild im Kopf entstehen zu lassen, auf dem Sie und Bello als Dreamteam gemütlich durch die Lande schlendern. Man ist so gefangen von den unangenehmen Gefühlen, dem unerfreulichen Körpergefühl und den Schmerzen in Rücken und Schultern, dass man eigentlich alles tun würde, um hier rauszukommen. Wir hoffen jetzt mal, fast alles. Denn vieles, was als Lösung angeboten wird, ist nicht gut, für Sie nicht und erst recht nicht für Bello.

Wenn ich versuche, ein Bild im Kopf zu ändern, muss ich mir erst bewusst machen, dass ich eines im Kopf habe. Dann muss ich mir darüber klar werden, welches Bild es denn tatsächlich ist. Denn die meisten von uns sind fest davon überzeugt, dass das, was sie gerne hätten, auch das ist, was sie im Kopf haben. Manche Menschen geraten immer wieder in ähnliche oder gleiche Situationen. Wenn sie einen neuen Partner finden, stellt sich in kürzester Zeit heraus, dass er – oder sie – eigentlich nur eine ziemlich genaue Wiedergabe aller vorherigen Partner ist und genau die gleichen unangenehmen Eigenschaften hat. Oder sie nehmen sich fest vor, diesmal einen Hund zu holen, der gesund ist. Und erwischen prompt den einzigen aus dem Wurf, mit dem sie Dauergast beim Tierarzt sind. Oder ihre Chefs sind immer ungerecht, ihre Kollegen immer Mobber, ihre Autowerkstätten werden immer von Betrügern geleitet ... Kennen Sie so jemanden? Und wie ist das bei Ihnen? Haben Sie auch irgendwas, was sich wie ein roter und sehr unerfreulicher Faden durch Ihr Leben zieht? Ein Dauerthema, das Sie gerne endlich erledigt hätten? Zum Beispiel hätten Sie für Ihr Leben gerne endlich einen Hund, der nicht zieht? Aha, schon habe ich Sie erwischt. Was soll er tun? Genau. Er soll locker an der Leine gehen.

Haben Sie gemerkt, wie schnell das geht? Wie einfach Sie Ihr Bild im Kopf finden können? Das tatsächlich Ihr Handeln bestimmt, nicht das, das Sie beim kontrollierten Nachdenken produzieren und das man am ehesten noch als Wunschbild bezeichnen kann.

Wir halten also fest: es gibt zwei Bilder. Eines, das Sie bestimmt, und eines, von dem Sie träumen. Und träumen ist gut, sehr gut sogar. Denn im Traum sehen wir oft, was wir wirklich möchten. Träumen Sie ruhig von einem freudig laufenden Bello, der ganz locker mit Ihnen mitläuft, verbunden durch eine entspannte Leine. Ist das nicht wunderbar?

Entspannen Sie sich, genießen Sie dieses angenehme Gefühl im Rücken, schauen Sie Bello an, wie gut es ihm geht und wie er sie anstrahlt. Einfach herrlich. Die Sonne scheint und der Himmel lacht, Ihr Nachbar nickt Ihnen freundlich zu, während Sie locker mit Bello die Straße entlang gehen. Frau Maier von nebenan winkt Ihnen zu, Herr Huber ruft über den Zaun: „Was für ein herrlicher Tag heute!" und Sie bleiben stehen, um mit ihm ein Schwätzchen zu halten. Bello begrüßt Herrn Hubers Susi, die sich hinterm Zaun freut, dass Bello vorbeikommt. Dann gehen Sie weiter bis zur Wiese. Und an der Wiese leinen Sie ihn ab und machen einen wunderbaren Spaziergang. Mal läuft er ein Stück an der Leine, mal eine Zeitlang frei. Sie spielen mit ihm und haben eine herrliche Zeit. Zufrieden kommen Sie beide nach Hause und der Tag ist einfach schön. Jetzt werden Sie wieder wach, merken, dass Sie geträumt haben und seufzen: schön wär's. Aber glauben Sie mir, wenn Sie jetzt diesen Traum ganz intensiv empfunden haben, dann haben Sie den ersten Schritt gemacht, um ein neues Bild in den Kopf zu bekommen, das das alte ersetzen kann.

Wenn Sie sich darüber klar geworden sind, dass zwei Bilder – oder auch mehr – zu einer bestimmten Situation in Ihrem Kopf aktiv sind, dann müssen Sie sich überlegen, wo die beiden herkommen und welches tatsächlich das ist, was Ihr Leben bestimmen soll. Vielleicht ist mal das eine, mal das andere die richtige Lösung. Aber wir bleiben beim Ziehen an der Leine, das ist einfacher zu erklären.

Sie können sich vornehmen, ab sofort nur an einen locker leinenführigen Fiffi zu denken. Das geht dann wie mit den guten Vorsätzen an Neujahr. Eine Zeitlang klappt das wohl, aber Ende Januar ist meistens wieder alles beim alten. So einfach ist es eben nicht. Was dagegen möglich ist: Sie fangen an, ein bisschen aufmerksamer sich selbst zuzuhören. Denn wir führen oft Selbstgespräche im Kopf, die das ausdrücken, was wir an Bildern so in uns haben. Und jedes Mal, wenn Sie eine „Nicht"-Anweisung geben, egal wem, dann überlegen Sie sich die „So-geht's"-Alternative. Lesen Sie aufmerksam weiter, Sie werden feststellen, mit ein bisschen Geduld geht das ganz leicht.

Zum Thema „Fehlerkultur" möchte ich noch ein paar Anmerkungen machen. Wer sagt uns eigentlich, was richtig und was falsch ist? Wer legt das fest und stimmt das auch immer und lebenslang? Stellen wir nicht sehr oft fest, dass man nicht zu hundert Prozent sicher sein kann, ob etwas so richtig und anders falsch läuft? Wenn ich gerne Spaghetti esse, muss dann jeder Spaghetti mögen? Ist es falsch Spaghetti zu mögen, wenn alle anderen Kartoffeln bevorzugen? Wenn Sie Hunde lieben, liegen dann die falsch, die keinen haben oder keinen möchten? Natürlich nicht, sagen Sie, das muss doch jeder selber wissen. Genau. So läuft das aber in vielen Bereichen, nicht nur wenn es um Spaghetti oder Hunde geht.

Zwischen den beiden Polen „richtig" und „falsch" gibt es viele Schattierungen und Möglichkeiten, in die eine oder andere Richtung etwas zu verändern, und man kann Schwerpunkte anders setzen, je nachdem welche Prioritäten man hat. Es ist eine gute und sehr richtige Idee, seinem Hund gute Leinenführigkeit beizubringen. Aber es ist vollkommen verkehrt, das mit aller Gewalt durchzusetzen und nur die menschlichen Aspekte dabei zu berücksichtigen. Wenn Sie das akzeptieren können und wenn Sie dieses Thema gemeinsam mit Ihrem Bello angehen wollen, dann werden wir im nächsten Kapitel, in dem es über Ihre und andere menschliche Hände geht, schon etwas konkreter.

6. Menschen und ihre Hände

Kein Mensch kann dafür garantieren, dass sein Hund niemals an der Leine zieht. Wenn Sie in der Stadt wohnen und keinen eigenen Garten haben, wird ihr kleiner Freund es vermutlich früh ziemlich eilig zum nächstbesten Baum oder Grünstreifen haben. Nachvollziehbar, Sie müssen früh nach dem Aufstehen schließlich auch ganz dringend. Aber noch weniger können wir dafür gerade stehen, dass **wir** niemals an der Leine zuppeln. Wir sind schließlich Menschen und die haben – im Gegensatz zu Hunden – Arme und Hände und mit diesen Extremitäten sind wir ständig in Bewegung, ohne es zu merken. Sie spielen eine wichtige Rolle bei unserer Körpersprache, wir deuten, fuchteln, kratzen uns, berühren unseren Gesprächspartner. Wir brauchen sie, um im Gleichgewicht zu bleiben, beispielsweise beim Gehen oder Laufen. Es ist für uns völlig normal, nach etwas zu greifen, einen Gegenstand in die Hand zu nehmen, einen Partner zu umarmen. Wenn wir unseren Hund streicheln, massieren, kratzen, machen wir uns keine Gedanken, das tun wir eben. Aber genau so unbewusst halten wir die Leine in der Hand und bewegen unsere Hände und Arme. Wenn unser Bello dabei Impulse bekommt, die er schlecht bis gar nicht interpretieren kann, merken wir das nicht.

Ist Ihnen auch schon mal aufgefallen, wie manche Hunde akribisch die Hände ihrer Menschen im Auge behalten, sobald sie sich ihnen nähern? Sowie Bello in „greifbarer" Nähe ist, wird nach ihm gegrabscht. Es fehlt nur noch der Ausruf „Hab ich dich!". Ganz nett wird es, wenn er am Halsband gegriffen wird, dann bekommt er zu der unangenehmen Bewegung in Richtung Hals noch einen schmerzenden Ruck an der Kehle.

Für Hunde sind Hände und Arme etwas Besonderes, Hunde haben sowas nicht. Die stehen mit allen Vieren auf dem Boden, sie fuchteln und greifen nicht und mit den Vorderbeinen an jemand anderem herumzuzerren, käme ihnen nicht in den Sinn. „Festhalten" bedeutet für Hunde in der Regel „Bedrohung". Denn wenn es nicht gerade um einen Deckakt geht, bei dem der Rüde die Hündin umklammert und festhält, dann halten sich Hunde fest, wenn sie kämpfen und der, der den anderen fixieren kann, ist eindeutig der Sieger und kann den anderen ernsthaft verletzen oder umbringen. Festhalten ist also nicht unbedingt mit angenehmen Erwartungen für Hunde verbunden. Unsere Hände und Arme, die so sehr beweglich sind, so gerne greifen und festhalten, sind für unsere Hunde äußerst gewöhnungsbedürftig. Und das muss jeder einzelne Hund, der mit Menschen zu tun hat, lernen. Jeder.

Hunde und Menschenhände – gerade für Welpen nicht immer ganz einfach

Für uns ist das aber eine Selbstverständlichkeit, über die wir nicht nachdenken. Wer kann von sich behaupten, er hätte sich noch nie über einen Hund gebeugt und ihm über den Kopf gestreichelt oder ihn angetatscht, obwohl der Hund deutliche Anzeichen gezeigt hat, dass er das jetzt gar nicht nett findet. Wir finden Getätschel von andern auch nicht immer angenehm, aber wir erschrecken nicht unbedingt vor der Tatsache, dass jemand seine Hände nach uns ausstreckt. Je temperamentvoller oder nervöser und gestresster wir aber sind, umso größer wird unser Gehampel. Anstatt die Leine einfach ruhig zu halten, bekommt der Hund alles mit, was wir so deuten und fuchteln. Versetzen Sie sich bitte mal in die Lage eines Hundes, an dem ständig rumgezuppelt wird. Nicht geruckt, wohlgemerkt, das ist noch eine andere Nummer. Schlicht die Tatsache, dass wir unbewusst mit der Leine hantieren, ist für unseren Hund eine massive Störung, mit der er nicht gut klar kommt und unter Umständen darauf mit Zerren an der Leine reagiert.

Machen Sie bitte folgenden Versuch. Legen Sie sich ein Halsband um und befestigen Sie daran eine Leine. Oder Sie binden sich eine Leine um den Bauch oder den Oberarm. Dann drücken Sie das Ende der Leine einem Menschen in die Hand, dem Sie vertrauen, bei dem Sie sicher sind, dass er Ihnen nichts Böses will. Dieser Mensch hält die Leine über einen längeren Zeitraum, mindestens 15 Minuten, und Sie registrieren einfach die

Impulse, die Sie permanent bekommen. Wenn Ihr Bekannter nämlich keine ausgesprochene Schlaftablette ist, wird er immer wieder mal einfach so die Leine bewegen. Und Sie merken das. Wenn Sie aber nachfragen, werden Sie feststellen, dass Ihr Freund das nicht bewusst macht. Vielleicht bemüht er sich sogar, seine Hände ganz ruhig zu halten, um Sie nicht zu irritieren. Jetzt wissen Sie aber, was da passiert, Sie haben es ja selber organisiert und sind auf Impulse gefasst, Sie warten sogar darauf. Ihr Hund sagt nicht zu Ihnen: mach die Leine fest, damit ich das testen kann. Für ihn ist das eine Sache, auf die er keinen Einfluss hat und die er so auch niemals wollen würde. Wenn jetzt die Leine, die an Ihren Arm befestigt ist, jemand in der Hand hat, der keine Rücksicht auf Sie nimmt und das Halsband liegt um Ihren Hals ... Keine angenehme Vorstellung, oder?

Für uns bedeutet das, dass wir sehr verantwortungsvoll mit der Leine umgehen müssen und auf Halsbänder grundsätzlich verzichten, und stattdessen Brustgeschirre verwenden. Überlegen Sie mal, wie Verfechter von Halsbändern in der Regel argumentieren: „Wenn du ein Brustgeschirr umlegst, kannst du auf deinen Hund nicht einwirken."

Aha, einwirken. Was ist das? Ganz einfach. Wenn der Hund etwas tut, was der Mensch am anderen Ende der Leine nicht möchte, dann ruckt er, der Mensch. Und weil der Hals ein extrem empfindlicher Körperteil ist, geht man davon aus, dass ein Hund, der zum Erlernen der Leinenführigkeit einen Leinenruck bekommt, schon aufhören wird zu ziehen, um den schmerzhaften und unangenehmen Ruck zu vermeiden. Wenn das so einfach wäre, dann würde kein Hund, der jemals auch nur einen Leinenruck bekommen hat, an der Leine ziehen. Wer also ein Halsband umlegt, um auf den Hund „einwirken" zu können, möchte ganz aktiv mit seinen Händen und Armen am Hund herumrucken und ihm weh tun. Dazu kommen noch die vielen kleinen Impulse, die jeder seinem Hund so ganz nebenbei über seine unruhigen Hände vermittelt, und dann wundern wir uns, dass unser Fiffi mit der Leine ein Problem hat. Und wir automatisch auch.

Ein weiteres, sehr unerfreuliches Bespiel zum Thema „einwirken" möchte ich Ihnen aufzeigen. Es gibt Hundetrainer, die mit der „Ampelfunktion" am Hals des Hundes trainieren. Stellen Sie sich vor, dass der untere Teil des Halses der grüne Bereich ist. Dort ist es dem Hund eher egal, wenn Sie am Halsband rucken. In der Mitte, also etwa da, wo der Kehlkopf sitzt, ist der gelbe Bereich. Man kann sich leicht vorstellen, dass hier ein „Einwirken" mittels Rucken schmerzhaft und unangenehm ist. Der rote Bereich befindet sich ganz oben, wie bei einer Ampel. Hier geht die Leine hinter den Ohren durch und das ist nachweislich einer empfindlichsten Bereiche am ganzen Körper. Drücken Sie einfach bei sich selber mal ein bisschen fester unter Ihren Ohren in den Hals, Sie werden das ganz schnell unangenehm finden und zwar lange, bevor es richtig gefährlich wird. Wenn jemand heftig und lange genug an dieser Stelle „einwirkt", dann segnen Sie das Zeitliche. Das und nichts anderes ist gemeint, wenn jemand über die „Ampelfunktion am Hals des Hundes" einwirken möchte.

Wir brauchen uns mit dieser Art der Tierquälerei nicht länger befassen. Es soll Ihnen nur verdeutlichen, was manche „Kollegen" unter „einwirken" verstehen, nämlich den Hund mittels Drohung von Mord und Totschlag dazu zu bringen, alles zu tun, was wir uns so für ihn ausdenken. Daraus können wir ohne weiteres folgern, dass wir ganz bewusst und verantwortungsvoll die Leine in der Hand halten und unser Augenmerk darauf richten müssen, definitiv nicht an der Leine zu rucken. Was sollen wir tun? Wir halten unsere Hände und damit die Leine ruhig.

Mittlerweile sind viele Trainer und Hundehalter dazu übergegangen, ihrem Hund bewusst mit Sichtzeichen zu vermitteln, was sie vom Hund möchten. Das ist eine vernünftige und gute Sache, da Hunde unsere Körpersprache in der Regel sehr gut interpretieren können. Man geht davon aus, dass Hunde genetisch fixiert unsere Körpersprache größtenteils verstehen. Das ist einer der Gründe, warum Hunde bei einem ihnen unbekannten Trainer gut und schnell auf Anweisungen reagieren, wenn er nicht nur freundlich mit ihnen umgeht, sondern sich kontrolliert bewegt und klare Sichtzeichen gibt. Es lässt sich aber auch folgern, dass Hunde uns ziemlich genau beobachten, um herauszufinden, was wir von ihnen wollen. Das bedeutet nicht, dass Bello Sie 24 Stunden rund um die Uhr bewacht, sondern dass er Sie vor allem, wenn's drauf ankommt, gut im Auge behält, um alles mitzubekommen. Je hampeliger Sie aber sind, umso schwieriger wird es für ihn. Dann hat er nicht nur das übliche Kommunikationsproblem zwischen Mensch und Hund, dass der Mensch den Hund zutextet und Bello muss aus dem sprachlichen Wust die entscheidenden Wörter rausfiltern, sondern er muss auch noch lernen, welche Ihrer wirren Gesten jetzt tatsächlich „Sitz", „Weiter", „Bleib" oder etwas anderes bedeuten.

Wenn ein Hund kaum filtern kann, weder aus Ihren Worten noch aus Ihrer Körpersprache, was Sie von ihm wollen, dann hat er Stress pur. Stress, der zu viel wird, ist ein großes Hemmnis in allen Lebenslagen, egal ob es um das Erlernen neuer Fähigkeiten, um das Interpretieren eines Kommandos oder um das Ausführen einer Aufgabe geht. Ein gestresster Hund hat einen Teil seiner Aufmerksamkeit beim Auslöser der Stresssituation, nämlich bei Ihnen, um zu vermitteln, dass es jetzt gerade ganz schön schwierig ist. Ein Teil konzentriert sich darauf, wie man diesen Stress los wird, und ein Teil der Aufmerksamkeit verbleibt zur Lösung des eigentlichen Problems, z.B. „geh locker an der Leine". Jetzt kann sich jeder gut vorstellen, dass man unmöglich eine Aufgabe optimal lösen kann, wenn mindestens zwei Drittel der Konzentration und Kraft auf etwas ganz anderes, nämlich eine massive Störung gerichtet sind. Und diese Tatsache: ich kann eine Aufgabe nicht gut lösen, erzeugt wieder Stress. Eine schreckliche Spirale, die wir da lostreten, und alles nur, weil wir unsere Hände nicht ruhig halten können.

Idealerweise haben Sie jemanden, der Sie beobachtet und Ihnen ehrlich sagt, wie das bei Ihnen so aussieht. Wenn also Ihre Hundetrainerin zu Ihnen sagt, dass Sie zu viel Aktion mit den Händen machen, dann reagieren Sie bitte nicht beleidigt, sondern versuchen Sie einfach mal sich selbst zu beobachten, während Sie – vermeintlich entspannt – mit Hund an der Leine herumstehen oder -gehen.

Ein weiterer Stressauslöser für unsere Hunde kann unsere Tendenz zum Klammern sein. Wenn Sie einem neugeborenen Baby einen Finger hinhalten, wird es diesen sofort mit seinen Händchen umklammern. Ganz klar klammert sich ein Kind an das Bein seines Papas, wenn es sich bedroht oder unsicher fühlt, der Körperkontakt gibt ihm Sicherheit. Und der Papa hat überhaupt kein Problem damit, für ihn ist das nur eine Botschaft seines Kindes. Hunde können ebenfalls durch Körperkontakt Sicherheit bekommen. Meine erste Hündin saß immer auf meinem Fuß, wenn sie sich vor etwas fürchtete. Das geschah bis ins Erwachsenenalter hinein – da wog sie dann schon 50 Kilo und ich war so daran gewöhnt, dass ich es gar nicht bemerkte. Jeder hat schon mal einen Welpen gesehen oder beim eigenen erlebt, dass er sich zwischen die Beine schmiegt, wenn ihm etwas nicht geheuer ist. Oder Ihr Hund kuschelt gerne mit Ihnen auf der Couch. Alles soweit in Ordnung. Aber es gibt einen gravierenden Unterschied zwischen dem Welpen, der sich an Ihre Beine schmiegt, und dem Kind, das Papas

Bein umklammert. Der Welpe holt sich den Körperkontakt durch Anschmiegen: er oder Sie können jederzeit weggehen, ohne eine Umklammerung lösen zu müssen. Das Kind hält seinen Vater fest. So ganz ohne weiteres kann sich der nicht entfernen. Bei manch einem Hund kann es passieren, dass er sofort geht, wenn Sie versuchen ihn zu streicheln, wenn er sich an Sie schmiegt. Es ist ihnen einfach zu nah.

Klammern bedeutet für Hunde „Bedrohung", das haben wir weiter oben gelesen. Hunde müssen erst lernen, dass unsere Umklammerungen nett gemeint sind und ebenfalls Sicherheit vermitteln können. Aber das können sie nur durch behutsames Training verstehen, jeder einzelne Hund aufs neue. Ein Hund, der nicht frühzeitig Menschen und ihren ganz anderen Umgang mit den oberen Extremitäten kennengelernt hat, wird zeitlebens damit Probleme haben. Deshalb müssen Sie auch hier vorsichtig und behutsam Ihrem Bello beibringen, dass Umarmungen und Festhalten nicht als Androhung gemeint sind, sondern Zärtlichkeit, Schutz und Sicherheit bieten.

Na gut, sagen Sie jetzt, das hab ich schon verstanden. Aber wenn er an der Leine zieht, dann klammere ich doch nicht bei ihm, so dass er Angst haben muss. Wo Sie Recht haben, haben Sie Recht. Leider spielt das Klammern aber bei der Leinenführigkeit eine sehr wichtige Rolle.

Folgende Situation: ein Mensch führt seinen Hund, der ganz schauerlich an der Leine zieht, ich nehme ihm die Leine ab, und von jetzt auf gleich geht der Hund ganz locker. Wir gehen 50-100 Meter, ich zeige dem Hundebesitzer, was ich mache, und gebe ihm die Leine zurück. Und sofort fängt der Hund wieder an zu ziehen. Was ist passiert? Während ich die Leine locker halte und dem Hund die gesamte Leinenlänge zur Verfügung stelle, also mindestens drei bis fünf Meter, verkürzt Herrchen sofort die Leine auf ein absolutes Minimum. Zudem greift er mit beiden Händen in die Leine, als müsste er einen Flugzeugträger fixieren, und legt sich nach hinten. Schließlich muss er dem zu erwartenden Zug, der auch sofort einsetzt, standhalten. Wenn er versucht, gerade zu bleiben, geschweige denn er beugt sich nach vorne, ist zu erwarten, dass er auf die Nase fällt. Nicht witzig.

Schon mal was gehört von sich selbst erfüllenden Prophezeiungen? Das ist eine Variante von „Das Bild in meinem Kopf". Mit so etwas haben wir es hier unter anderem zu tun. Ich habe meinem Hund beigebracht zu ziehen, also erwarte ich, dass er zieht, sobald die Leine eingehängt ist. Und ich habe auch das entsprechende Bild von ihm.

Anderes Beispiel: sowie ein Hund von vorne kommt, mutiert der ansonsten liebenswerte Fiffi zum geifernden, kläffenden Monster. Aber: sowie ein Hund von vorne kommt, selbst wenn Frauchen nur die Nasenspitze eines anderen Hundes sieht, „weiß" sie, gleich explodiert Fiffi wieder. Beim ersten Spaziergang mit der neuen Hundetrainerin begegnen den beiden mindestens drei Hunde, die eigentlich genau ins Schema fallen, aber trotzdem bleibt Fiffi ruhig. Was macht die Trainerin anders? Sie greift nicht sofort in die Leine, geht nicht direkt auf den anderen Hund zu, gerät nicht in Panik ... Was macht sie? Genau: sie lässt die Leine locker, weicht ein wenig aus, gibt Fiffi eine freundliche und klare Anweisung mitzukommen, hält ihre Hände ruhig, sie tut alles, damit die Situation entspannt bleibt.

Weil ich ein Mensch bin und wie meine wilden Verwandten, die Affen, richtige Arme und Hände habe, die diese dringend zum Überleben brauchen und häufig völlig unbewusst einsetzen, halte ich die Leine fest, wie das vorher erwähnte Baby den Finger umklammert. Und nicht nur mit einer Hand. Auch die zweite Hand wird dazu genommen, weil wir ja dem zu erwartenden Zug standhalten müssen. Und schon habe ich einen leinenaggressiven und / oder schrecklich ziehenden Hund. Hat ein Hund Leinenführigkeit aber richtig gelernt, dann halten Sie die Leine ganz locker, mit einer Hand und bei vielen Hunden brauchen Sie theoretisch nur zwei Finger, über die die Schlaufe hängt. Theoretisch, weil wir wollen ja nicht leichtsinnig werden.

Menschen und ihre Hände, ein wirklich kompliziertes und fast undurchschaubares Thema für Hunde. Achtsamkeit ist hier angesagt in jeder Hinsicht und in jeder Situation. In einem alten Hundebuch habe ich mal gelesen, was Kinder früher von ihren Eltern lernten, wie verschieden Tierarten sich wehren: Katzen kratzen, Hunde beißen, Menschen schlagen. Wir können so viel mit unseren Händen machen. Nettes und nicht ganz so nettes. Achten Sie darauf, dass Streicheln und Kraulen und andere fürsorgliche Handhabungen das Bestimmende sind. Dann gewöhnt sich Ihr Bello auch daran, dass Fuchteln nicht unbedingt böse gemeint ist und Hände und Arme eine freundliche Bedeutung für ihn haben.

Übrigens: haben Sie gemerkt, wie leicht man „Nicht"-Ansagen in „so geht das" umwandeln kann? ☺

7. Welpen

Eine meiner Kundinnen kam die ersten Monate immer völlig unglücklich mit der immer gleichen Frage zum Training: muss ich wirklich immer warten, bis sie jeden Grashalm abgeschnüffelt hat? Sie können sich schon denken, wie die Antwort lautet: Ja, sie muss. Es spielt bei einem Welpen keine Rolle, ob Sie in der Zeit X von A nach B kommen. Sie nehmen eine Zeit X (= fünf Minuten pro Lebensmonat) und gehen in A los, und dann schauen wir mal, wo Sie ankommen. Der kompletten, möglichen Morgenrunde nähern Sie sich nur langsam. Zu Anfang drehen Sie einfach nach der Hälfte der für Ihren Welpen verträglichen Zeit wieder um. Fertig. Und alle paar Tage gehen Sie ein Stückchen weiter und lassen den Kleinen wieder etwas Neues erkunden. Das macht viel mehr Spaß, als durch die Gegend zu rasen und den Gang zu „erledigen". Ihnen auch, denn Sie entdecken Ihre Umgebung mit Ihrem kleinen Freund ganz neu, nämlich durch seine Augen.

Welpen haben ganz bestimmte Bedürfnisse, die deutlich über Fressen, Schlafen, Spielen usw. hinausgehen. Eines ihrer wichtigsten Anliegen an Sie ist: zeig und erkläre mir die Welt. Und dazu sind Sie verpflichtet. Das haben Sie ihm versprochen, als Sie ihn zu sich holten, auch wenn Sie es Ihnen nicht bewusst war. Seine Mama würde das tun und Sie müssen ihre Rolle übernehmen. Dem werden Sie aber nur gerecht, wenn Sie sich die Zeit nehmen, die er braucht. Achten Sie einfach auf das, was er Ihnen zeigt. Wenn ein Hund nach dem Aussteigen aus dem Auto erst mal stehen bleibt und sich umsieht, ist das doch wunderbar. Dann haben Sie vermutlich einen eher besonnenen Zeitgenossen ins Haus genommen, einen, der alles etwas ruhiger angeht. Freuen Sie sich und unterstützen Sie ihn dabei.

Lassen Sie ihn seine Umgebung in dem Tempo erkunden, das er braucht. Dabei werden Sie wunderbare Dinge entdecken, an denen Sie sonst einfach vorbei laufen. Meine erste Hündin hat mir ganz lange alles gezeigt, was sie nicht verstanden hat. Dadurch kam ich zu einer Unterhaltung mit einem Maulwurf, ich habe plötzlich die Vögel deutlicher wahrgenommen, Forellen im Bach entdeckt, lernte durch sie die Autos der Nachbarn am Motor erkennen und vieles mehr. Als ich mit unserem Fritzi einen der ersten Spaziergänge unternahm, mussten wir über einen Bahnübergang der Regionalbahn. Entgegen aller Expertenratschläge nahm ich ihn auf den Arm unter meinen Mantel, als der Zug kam. Im Leben werde ich nicht das kleine weiße Köpfchen und die großen Augen vergessen, als er dieses Ungetüm sah. Zum ersten Mal registrierte ich selber, was das für ein Ungeheuer ist. Sein kleines Herzchen klopfte aufgeregt an meiner Hand, aber er blieb ganz ruhig, er war ja sicher und geborgen. Für ihn war das ein unglaublich aufregendes Abenteuer. Ich wusste, jetzt kommt der Zug, der fährt hier ganz langsam, da kann gar nichts passieren. Nicht einen Gedanken würden wir daran verschwenden, dass das Warten an einem Bahnübergang ein Abenteuer sein kann. Ist es ja auch nicht, zumindest nicht für uns. Für einen Welpen aber sehr wohl.

Was hat das mit unserem Zusammenleben zu tun? Die Tatsache, dass er aus einer sicheren Position heraus so eine schwere Situation meistern konnte und wir stehen bleiben mussten – sonst hätte uns ja der Zug überfahren -, wir also Zeit und Abstand und Ruhe hatten, alles genau zu betrachten, die hat ihm Sicherheit und Vertrauen gegeben. Und genau das braucht ein Welpe von uns.

Welpen haben viel Vertrauen ins uns – wir sollten uns dessen würdig erweisen

Eine meiner Kundinnen hat eine wunderbare Anweisung für ihren Hund. Immer wenn ihre Hündin etwas nicht ganz so macht, wie sie soll, sagt sie: „ich zeig's dir". Dann weiß das Mädchen: jetzt machen wir das zusammen und anschließend weiß ich, wie es geht. Ob Sie es glauben oder nicht: das klappt in außerordentlich vielen Situationen: bei Hundebegegnungen, bei der Nasenarbeit, beim Gerätetraining ... Und die Hündin hat sehr viel Vertrauen in ihr Frauchen, denn die nimmt sich immer Zeit für sie und zeigt ihr immer eine gute Lösung.

Welpen brauchen für alles, was sie lernen vor allem eine Menge Zeit. Je mehr Sie sich dafür nehmen, umso leichter wird es später. Das gilt auch für Grundgehorsam und ganz besonders für die Leinenführigkeit.

Wenn Sie aufmerksam und ganz bewusst darauf achten, wie Menschen mit ihren Welpen umgehen, dann werden Sie feststellen, dass viel zu oft ein permanenter und sinnloser Kampf stattfindet. Gerade bei der Leinenführigkeit macht sich unser Mangel an Zeit eklatant bemerkbar. Zum Teil hängen die Menschen in der Leine, als müssten sie einen Schwertransporter die Straße entlang ziehen, dabei gehen sie mit einem Hundekind, das ein paar Kilo wiegt. Mit beiden Händen wird die Leine krampfhaft festgehalten und der Kleine wird von allem und jedem weggezerrt, egal wo er gerade hin möchte. Und es ist vollkommen gleichgültig, ob es sich um eine wirkliche oder eingebildete Gefahr handelt. Ja, es stimmt, wenn er am Kot von anderen Hunden schnüffelt, kann er sich mit Parasiten oder Krankheiten infizieren. Dazu muss der andere aber auch Parasiten haben oder krank sein. Die meisten Hunde hierzulande sind aber gesund und werden auch ständig auf Parasiten untersucht, bzw. entwurmt. Auch wenn er einen Menschen begrüßen möchte, ist das zunächst mal eher harmlos, denn die meisten Menschen finden Welpen süß und haben kein Problem damit, wenn der Kleine sie kennen lernen möchte. Und er soll doch Menschen nett finden, oder? Warum wird er dann weggezerrt? Natürlich muss er lernen, dass er nicht zu jedem Menschen hin kann. Aber da sollte es doch reichen, in angemessener Entfernung stehen zu bleiben und in aller Ruhe den interessanten Menschen zu betrachten. Auch andere Hunde sind nicht unbedingt immer Welpenfresser. Eine kurze Nachfrage genügt, um das zu klären. Und wenn der andere ein netter ist, ja warum darf er dann nicht mal "Hallo" sagen? Nein, er wird mit Gewalt zurückgehalten und weitergezerrt, als ginge die Welt unter, wenn er einen anderen Hund anschnüffelt.

Aus welchem Grund auch immer nehmen viele Menschen an, dass man einen Welpen erstens von allem fernhalten muss und das muss man zweitens notfalls mit Gewalt tun und das geht wiederum drittens nur, indem man an der Leine zerrt. Und viertens hat bereits der Welpe ohne Übung unter Ablenkung jedes Kommando prompt zu verstehen und zu befolgen. Aber was lernt der Kleine dabei? Er lernt: Menschen haben nie Zeit und sind nicht bereit, etwas zu erklären und zu zeigen, wie es geht. Warum in aller Welt sollte er dann tun, was wir von ihm wollen?

Wir müssen uns vor Augen halten, dass es für einen Hund nicht normal ist, wenn er permanent zurückgehalten wird. Seine Mama würde sich nur in bedenklichen Situationen vor ihn stellen, ihn evtl. bedrängen oder anschnauzen, wenn er nicht kapiert, dass er jetzt da nicht hin soll. Und weil er weiß, dass die Mama ihn beschützt und genau weiß, was in Ordnung ist und was nicht, vertraut er ihr und beachtet ihre Anweisung: geh da nicht hin, mach was anderes. Wir stehen aber in der Regel hinter den Welpen und versuchen mittels Zutexten und Wegzerren irgendwelche Gefahren zu verhindern, die in den meisten Fällen nur in unserem Kopf existieren.

Welpen bringen eine wunderbare Grundlage für eine gute Leinenführigkeit mit: ihren natürlichen Folgetrieb. Das bedeutet nicht mehr und nicht weniger, als die schöne Tatsache, dass ein Welpe seiner Bezugsperson wie seiner Mama ständig hinterher läuft, möglichst nah und einfach so. Das hat verschiedene Gründe. Zum einen ist er dann nahe bei Ihnen und Sie können ihn im Notfall vor Unbill bewahren und beschützen. Das weiß er. Zum anderen sieht er, was Sie machen und erkundet so seine neue Welt durch Ihre Führung und Anleitung. Wenn Sie diese natürliche Welpentugend jetzt auch noch mit einer lockeren Leine und viel Geduld verbinden, dann bekommen Sie ganz nebenbei einen hervorragend leinenführigen Hund.

Was soll er denn tun, wenn Sie nicht möchten, dass er jeden Menschen begrüßt? Für Retriever z.B. ist das wahrhaft eine schwere Herausforderung und wer das als Welpe und Junghund nicht lernt und übt, einfach vorbeizugehen, der wird sein Leben in dem Glauben verbringen, alle Menschen möchten von Retrievern abgeknutscht werden. Wenn Sie Ihren kleinen Goldie oder Labi aber an der Leine zurückzerren, ohne ihm zu sagen, was er eigentlich machen soll, dann bestärken Sie ihn nur noch in seiner Begeisterung für jeden fremden Menschen und er zieht immer noch extremer hin. Ein Vertreter einer eher zurückhaltenden Rasse wird evtl. interpretieren, dass Sie Angst vor anderen Menschen haben und dann irgendwann anfangen, andere Menschen zu verbellen: hau ab da, mein Mensch hat Angst vor dir und ich beschütze ihn! Auch keine ganz nette Vorstellung. Dafür aber eine gute Grundlage für Leinenaggression.

Wenn Sie jetzt an das Kapitel "Nicht springen! – Das Bild im Kopf" zurückdenken, dann überlegen Sie mal im positiven Sinn: was kann ich tun, damit mein Welpe locker an anderen Menschen und Hunden vorbeigeht?

Zum ersten brauchen Sie dieses schöne Bild von Ihrem Fiffi und sich, wie Sie mit ihm an entspannt spazieren gehen.

Zum zweiten – und das ist enorm wichtig – dürfen Sie bei einem Welpen niemals von sich aus an der Leine ziehen oder zerren, niemals die Leine straff machen und niemals seinem Zug nachgeben. Sie sollen also **nicht** an der Leine ziehen. Was sollen Sie tun? Genau. Halten Sie die Leine immer und in allen Situationen locker. Sie. Ihr Hund lernt es von Ihnen. Selbst ein Doggen- oder Bernhardinerwelpe ist irgendwann so klein, dass Sie die Leine ganz leicht mit zwei Fingern halten können. Selbstverständlich halten Sie die Leine immer so fest, dass sie Ihnen nicht in einem unaufmerksamen Moment durch die Hand schlüpft. Aber es reicht wirklich, wenn Sie die Schlaufe ums Handgelenk haben und mit einer Hand die Leine festhalten. Nicht klammern, halten.

Üben Sie Leinenführigkeit nicht unbedingt dann, wenn Ihr Kleiner total beschäftigt mit der Welt ist. Was sollen Sie tun? Genau, Sie sollen dann üben, wenn er entspannt und auf Sie konzentriert ist. Bei einem der ersten Gänge durch die Stadt ist es entschieden besser, wenn Sie sich eine Bank irgendwo auf einem Platz ein bisschen abseits vom Verkehrstrubel suchen, vielleicht finden Sie auch ein Kaffeehaus mit Tischen vor der Tür. Da setzen Sie sich hin, platzieren Bello so, dass alle mit genügend Abstand vorbeigehen können, er aber in Ruhe alles beobachten kann, bestellen sich einen Capuccino oder sonst was Feines und lassen ihn einfach eine Viertelstunde in Ruhe das Treiben beobachten. Idealerweise ist Ihr Auto nur wenige Gehminuten entfernt. Beim Hin- und Rückweg läuft nicht die Uhr in Ihrem Kopf und Sie treiben ihn auch nicht an. Was sollen Sie tun? Genau, Sie haben jede Zeit der Welt und sorgen dafür, dass Bello diese wichtige Übung entspannt und an lockerer Leine absolvieren kann.

Haben Sie beim Lesen der letzten Absätze wieder etwas bemerkt? Ich habe jede "Nicht"-Anweisung in eine "So-geht's"-Anweisung umgewandelt.

Versuchen Sie das mal. Jedes Mal, wenn Sie Bello irgendetwas im Sinne von "tu's nicht" sagen wollen, überlegen Sie sich, wie Sie ihm sagen können, was er denn stattdessen tun soll. Das ist nämlich ganz einfach. Und mit ein bisschen Übung vergessen Sie irgendwann, dass es "Nicht"-Anweisungen gibt, bzw. die werden beschränkt auf ein notwendiges Minimum. Sie werden erstaunt sein, wie minimal dieses Minimum ist.

Und wann können Sie mit Ihrem Hundekind gezielt Leinenführigkeit üben? Zum Beispiel geht das immer, wenn Sie zur Hundeschule fahren: wenn Sie vom Haus zum Auto, vom Auto zum Hundeplatz, vom Hundeplatz zum Auto, vom Auto wieder ins Haus gehen. Da nehmen Sie ihn an die Leine, die lange genug sein muss, und überlegen sich sehr gut und genau, wie Sie die Übung gestalten, um ihm klar zu machen, was Sie von ihm möchten. Ebenso geht das bei allen anderen Gelegenheiten, bei denen Sie ja nur ganz kurz mit ihm unterwegs sind. Da Sie sich zudem viel Zeit nehmen, ihn wirklich in aller Ruhe alles anschauen lassen, was er möchte, immer erst weitergehen, wenn er so weit ist, sollte das Problem gar nicht erst auftauchen.

Eins ist also klar: wir rennen nicht wie von der Tarantel gestochen durch die Lande und zerren den Kleinen auch nicht hinter uns her. Was tun wir? Genau, wir gehen ruhig und gelassen und sorgen dafür, dass die Leine lokker ist. Und wir üben immer nur ganz kurze Zeit, also nur wenige Minuten. Welpen können sich nur kurz konzentrieren, wenn Sie so lange warten, bis er keine Lust mehr hat, erreichen Sie eher das Gegenteil und Sie verderben ihm die Freude am gemeinsamen Arbeiten.

8. Hunde aus dem Tierschutz

Hunde aus dem Tierschutz sind immer ein eigenes Kapitel. Viele von ihnen haben nie gelernt, ordentlich an der Leine zu gehen. Entweder stammen sie aus schlechten Verhältnissen, haben nie woanders gelebt als im Tierheim und kein normales Leben kennen gelernt. Wenn sie aus dem Ausland kommen, waren sie und/ oder ihre Vorfahren vielleicht Streuner und Straßenhunde, die auf sich gestellt waren. Jeder von ihnen bringt also ein gewaltiges Päckchen mit, von dem Sie nichts oder nur einen Teil davon kennen.

Bei Hunden aus dem deutschen Tierschutz ist es oft ein kleines bisschen leichter als bei Auslandshunden. Sie bringen ein, wenn auch oft nur minimales Verständnis für das Leben bei uns mit und manch einer hat auch schon das eine oder andere gelernt. Gut geführte Tierheime bemühen sich, den Hunden gewisse Grundlagen beizubringen. Ein Hund, der ordentlich an der Leine läuft, ist einfach besser vermittelbar, als einer, der zieht. Das gilt auch für einige Auslandsorganisationen und ihre Pflegestellen in Deutschland.

Die ersten Wochen und manchmal Monate müssen Sie sich mit egal welchen Forderungen an einen Tierschutzhund sehr zurück halten. Diese Hunde müssen viel zu viel bewältigen, ganz besonders wenn sie aus dem Ausland kommen. Einer der extremsten Fälle in meiner Hundeschule war ein Hund aus Thailand, der mitten im Winter in die Uckermark vermittelt wurde. Bitte stellen Sie sich das vor: aus dem feuchtwarmen Klima in einer thailändischen Stadt mit ihren unendlich vielen Gerüchen und Geräuschen kam der kleine Mann im Dezember in die kalte Uckermark bei ca. minus zehn Grad Celsius. Seine neue Heimat war ein kleines, sehr stilles Dorf mit lauter unbekannten Ungeheuern: Kühe, Schafe, Pferde, Traktoren ... Er muss sich vorgekommen sein, als wäre er von jetzt auf gleich quasi blind und taub geworden, denn zu riechen gab es im Verhältnis zu seiner alten Heimat so gut wie nichts. In der weißen, schneebedeckten Winterlandschaft waren auch die visuellen Eindrücke eher mager. Schnee lernte er hier erst kennen. Können Sie sich vorstellen, dass so ein Hund erst mal etwas Zeit braucht, um sich umzugewöhnen? Können Sie sich vorstellen, dass das mindestens ein Jahr dauert, bis er weiß, was alles in der neuen Heimat anders ist? Natürlich kann er in dieser Zeit viel lernen, was er im neuen Leben braucht, aber das dauert eben so lange, wie es dauert.

Ehe diese kleine Hündin aus dem Tierheim lernt, locker an der Leine zu laufen, muß ihr viel Sicherheit vermittelt werden.

Lassen Sie sich bitte nicht davon abhalten, einen Hund aus dem Tierschutz zu adoptieren, nur weil er nicht gut an der Leine läuft. Das bekommen Sie auch bei diesen Hunden mit Geduld und Einfühlungsvermögen hin. Es dauert eben ein bisschen länger, weil Tierschutzhunde einen so extremen Stresslevel haben, dass es manch einem nicht möglich ist, zu verstehen, was wir von ihm wollen. Allerdings sind diese Hunde fast alle sehr daran interessiert, alle Regeln zu verstehen, die bei Ihnen gelten. Denn das wissen sie sehr genau: wenn sie die Regeln verstanden haben und sie richtig anwenden, dann dürfen sie bleiben. Eine der Regeln heißt eben: laufe an lockerer Leine.

Interessanterweise sind oft Hunde, die ganz wild auf ein eigenes Zuhause sind, sehr einfach an gute Leinenführigkeit zu gewöhnen. Bei vielen reicht es tatsächlich, wenn Sie sofort langsamer werden oder stehen bleiben, sowie der Hund zieht. Wenn die Leine locker ist, gehen Sie zügig weiter, ohne abzuwarten, dass der Hund sich Ihnen zuwendet oder gar zurückkommt. Das ist vielleicht momentan viel zu schwer und kann nicht bewältigt werden. Aber dass es schneller weiter geht, wenn die Leine gar nicht erst stramm wird, verstehen viele. Probieren Sie es einfach aus, Sie können nichts falsch machen.

Es gibt aber auch Hunde, für die ist es fast unmöglich zu verstehen, was wir von ihnen wollen. Das sind Hunde, die man besser dort gelassen hätte, wo sie waren. Im Urlaub an der französischen Atlantikküste lernten wir vor vielen Jahren ein Ehepaar aus Duisburg kennen, die bereits in den 90er Jahren Hunde aus Griechenland nach Deutschland holten. Sie selber hatten einen sehr hübschen, kleinen Hund, der an einen Spitz erinnerte. Sie hatten ihn im Alter von ca. eineinhalb Jahren verletzt gefunden, mitgenommen und aufgepäppelt. Er liebte seine Menschen sehr und gewöhnte sich auch an das Leben in Duisburg, aber sie hatten Zeit seines Lebens den Eindruck, dass er sich vor allem zurück in ein freies Leben ohne Leine und menschliche Regeln sehnte. Falls Sie so einen Hund erwischt haben, verzweifeln Sie bitte nicht. Auch wenn er nie verstehen wird, was Sie mit dieser blöden Leine und dem doofen Brustgeschirr wollen, Sie werden eine Grundlage finden, auf der Sie mit ihm gut und vernünftig zusammen leben können.

9. Strafe muss sein! oder: was bewirkt der Leinenruck?

Ob man mit Strafe arbeiten soll, sogar muss, ohne auskommen kann, hin und wieder strafen darf, darüber gehen heiße Diskussionen in der Hundeszene. Wissenschaftliche Erkenntnisse werden von allen Seiten zitiert, Definitionen, was Strafe denn nun sei und was sie genau bewirke oder auch nicht, erhitzen die Köpfe von HundetrainerInnen und HundehalterInnen.

Für die weiteren Betrachtungen legen wir deshalb eine Definition von Strafe zugrunde, die mir sehr einleuchtend erscheint:
„Strafe wird als negative Erfahrung beschrieben, welche die Häufigkeit des Auftretens eines Verhaltens vermindert."
(Dorothée Schneider, Die Welt in seinem Kopf, animal learn Verlag)

Die meisten von uns lehnen Strafe in der Hundeerziehung – eigentlich – ab. Eigentlich? Naja, denken viele, manchmal hilft halt nichts anderes. Irgendwas muss man doch machen, wenn Bello so gar nicht hören will. Wenn er Unsinn macht und nicht damit aufhört, wenn er Kommandos nicht ausführen möchte, wenn er die Wurst vom Tisch klaut, Nachbars Lumpi am Zaun verbellt..... Lauter strafwürdige Vergehen, oder? Und Herr Maier aus der Nachbarstraße, der geht zwar nicht nett mit seinem Hasso um, aber Hasso pariert aufs Wort, und das ist doch eigentlich sehr gut. Denn, hat Herr Maier gesagt, was hilft das dauernde Nettsein, wenn Hasso auf eine stark befahrene Straße zu rennt und auf Zuruf nicht umkehrt? Dann wird nicht nur Hasso überfahren, sondern viele Menschen werden gefährdet. Und damit hat er natürlich recht, wenn – ja wenn jemand auf so eine sonderbare Idee kommt, ausgerechnet neben der Schnellstraße seinen Hund frei laufen zu lassen. Es gibt Orte, an denen haben Hunde angeleint zu sein, und dazu zählen die näheren Umgebungen von Schnellstraßen und ebenso alle anderen verkehrsreichen Orte. Auch die Wurst, die Hasso sich selbst organisiert, ist nicht unbedingt ein gutes Beispiel für strafwürdiges Hundeverhalten. Irgendjemand hat sie da hin gelegt und wenn er sie unbeaufsichtigt liegen lässt, sollte er sich nicht wundern, wenn sie im Hundebauch verschwindet.

Aber Nachbars Lumpi, den darf er doch nicht anbellen, oder? Wenn er das tut, muss ich ihm doch zumindest Bescheid sagen. Ob er jetzt „darf" oder „nicht darf", da kann man unterschiedlicher Meinung sein, Tatsache ist, dass es nicht prickelnd ist, mit einem tobenden Hund an der Leine an einem tobenden Hund hinterm Zaun vorbeizugehen, oder vermutlich eher den einen am anderen vorbei zu zerren. Es gibt wahrlich Schöneres. Aber warum bringen Sie ihm nicht bei, ruhig vorbeizugehen? Das ist nämlich durchaus möglich.

In allen drei Beispielen handelt es sich also um menschliche Versäumnisse: Hund ist nicht an der Leine, die Wurst liegt herrenlos und unbeaufsichtigt herum und Mensch hat seinem Hund etwas nicht beigebracht. Finden Sie es gerecht, wenn Sie Ihren Hund für Ihre Versäumnisse bestrafen? Wenn Sie einen Verkehrsunfall verursachen, bei dem Menschen schwer zu Schaden kommen, und Sie können nachweisen, dass Sie momentan in einer schwierigen Situation sind (Scheidung, Todesfall in der Familie, was auch immer), dann können Sie mit mildernden Umständen rechnen. Dabei sind Sie ein Mensch, der sich doch eigentlich überlegen können müsste, dass man dann besonders vorsichtig – vielleicht gar nicht – Auto fahren sollte, wenn man psychisch angeschlagen ist. Und für Ihren Hund gibt es keine mildernden Umstände, wenn Sie etwas versäumt haben und er deshalb etwas falsch macht?

Das ist nur einer der vielen Gründe, warum ich den bewussten Einsatz von Strafe in der Hundeerziehung für inakzeptabel halte. Aber es gibt noch viel mehr.

Zuerst müssen wir uns darüber klar werden, dass wir ganz automatisch mit Strafe arbeiten, und zwar alle und jeder, ohne dass wir uns groß Gedanken darüber machen. Beispiel: Ihr Bello mag keine Besucher und verbellt diese hartnäckig und ausdauernd. Keiner darf sich einfach so bei Ihnen bewegen, ruhig auf der Eckbank sitzen, geht gerade noch. Aber wehe einer muss mal auf die Toilette, schon geht das Konzert los. Nicht sehr witzig. Sie haben schon alles Mögliche versucht, freundliche Rituale aufgebaut, die Besucher bringen die feinsten Leckereien der Welt mit, nichts hilft. Irgendwann haben Sie es satt, sagen: „jetzt reicht's", greifen sich Bello, schmeißen ihn raus und machen die Tür zu. Jetzt ist Ruhe. Wunderbar. Nach einer Minute öffnen Sie die Tür und ein sehr zerknirschter Bello kommt herein. Und siehe da, es wirkt. Zwar kommt es immer wieder mal vor, dass er zu seinen Attacken ansetzt, aber jedes Mal sagen Sie „jetzt reicht's" und schmeißen ihn raus. Und sehr schnell merken Sie, dass Sie nur noch sagen müssen „jetzt reicht's" und Bello grummelt vielleicht noch vor sich hin, aber das war's dann.

Was haben Sie mit ihm gemacht? Waren Sie besonders nett? Hat er eine besondere Belohnung bekommen fürs Stillsein? Nein, Sie haben ihn bestraft. Die Strafe war eine kurze Zeit der Isolation, eine Auszeit, Zeit zum Nachdenken. Wie man zu einem Kind eben auch mal sagt: „Du gehst jetzt in dein Zimmer und denkst mal nach, wie du dich anständig benehmen kannst, und wenn du's weißt, kannst du wieder kommen."

Fangen Sie jetzt bitte nicht an, Ihren Lumpi bei jeder Gelegenheit raus zu bugsieren. Das ist kein Allheilmittel und wirkt auch nicht unbedingt immer so prompt, wie ich das beschrieben habe. Denn das Problem bei der Strafe ist, dass Sie folgende Punkte genau beachten müssen und zwar **ALLE**:

- Eine Strafe muss genau richtig für das unerwünschte Verhalten sein, und zwar sowohl die Art der Strafe als auch die Dosierung. Das kann von Hund zu Hund ganz unterschiedlich sein.
- Sie muss genau im richtigen Moment erfolgen, also in unserem Beispiel idealerweise in dem Moment, wenn Bello den Schnabel auftut, und nicht erst wenn er schon eine Viertelstunde gebellt hat.
- Sie müssen ausschließen, dass es zu Fehlverknüpfungen kommt. Eine Fehlverknüpfung in unserem Beispiel wäre, wenn Bello den Rausschmiss mit dem Kind verknüpft, das gerade zur Tür herein kommt, und infolgedessen das Kind zukünftig nicht mehr leiden kann.
- Sie müssen immer und jedes Mal das unerwünschte Verhalten unterbinden. Wenn Sie mal eingreifen, mal nicht, geht es mit Sicherheit schief, denn dann werden Sie unberechenbar.
- Sie müssen absolut sicher sein, dass es keine andere Möglichkeit gibt.
- Sie müssen ihm ankündigen, was Sie tun, damit er eine Chance hat, sich zu korrigieren, und dann muss er genug Zeit bekommen, die Eigenkorrektur auszuführen.
- Sie müssen sicher sein, dass es sich nicht um ein genetisch fixiertes Verhalten handelt. Einen Beagle etwa dafür bestrafen, dass er jeder Fährte folgt, ist nicht nur ungerecht, sondern zeugt auch davon, dass man keine Ahnung hat, wozu diese Hunde gezüchtet wurden ...

Sie denken, das ist alles? Weit gefehlt. Die Liste lässt sich noch um einige Punkte fortsetzen. Können Sie das? Bringen Sie alle diese Punkte unter einen Hut? Ohne einen zu vergessen? Glauben Sie mir, allein schon bei dem Versuch, ein Verhalten immer zu unterbinden, sind Sie zum Scheitern verurteilt. Oder glauben Sie ernsthaft, dass irgendjemand in der Lage ist, seinen Hund lückenlos zu überwachen? Und wie sieht es mit der Dosis der Strafe aus? Ein sehr sensibler Hund bricht vielleicht schon bei der Ankündigung zusammen, es war schon viel zu viel für ihn. Einer, der hart im Nehmen ist, hört gar nicht hin, vielleicht weil er gelernt hat, dass sein Mensch sowieso viel sagt, wenn der Tag lang ist, und in den allermeisten Fällen passiert hinterher gar nichts.

Richtig strafen ist nicht einfach, wir strafen manchmal aus dem Affekt heraus, und dann funktioniert es auch sehr oft, weil die Strafe unmittelbar im richtigen Moment kommt. Und wenn Sie kein brutaler, unbeherrschter Mensch sind, dann ist auch die Dosis und Art meistens richtig. Aber Sie können sich nicht darauf verlassen, dass Sie immer richtig reagieren. Denn mal sind Sie besser drauf, mal schlechter. Mal gehen Ihnen schneller die Nerven durch, mal sind Sie geduldiger. Dann sind Sie wieder unberechenbar für Ihren Hund, denn wenn Sie gestern darüber gelacht haben, dass er die Vögel gejagt hat und heute bekommen Sie einen Wutanfall, woher soll er dann wissen, was Sie wollen?

Aber einer der Hauptgründe ist: Strafe nutzt sich ab. Und das ist auch gut so. Denn wenn das nicht so wäre, gäbe es keine Möglichkeit für Lebewesen, sich zu entwickeln.

Stellen Sie sich vor, Sie haben einen Autounfall. Sie sind selber schuld, weil Sie viel zu schnell gefahren sind oder trotz Eis und Schnee die Winterreifen noch nicht aufgezogen haben. Die Strafe folgt auf dem Fuß und Sie landen im Straßengraben. Die wenigsten Menschen ziehen daraus den Schluss, dass man Autofahren am besten für immer sein lässt. Aber sehr viele sehen jetzt ein, dass es besser ist, bei glatter Straße langsamer zu fahren und rechtzeitig Reifen zu wechseln. Sie haben also aus dieser Strafe etwas gelernt. Falls jemand zur eher leichtsinnigen Sorte gehört, wird er relativ schnell wieder bei ungünstigen Straßenverhältnissen Gas geben, und da er jetzt immer für optimale Reifen sorgt, passiert auch nichts mehr. Die Strafe „Landung im Straßengraben" kann bewirken, dass Sie vorsorgen und besser aufpassen, aber auf alle Fälle fahren Sie noch mit dem Auto.

Wie oft haben Sie schon falsch geparkt? Ich kenne viele, die keine Strafzettel bekommen, aber im Parkverbot geparkt hat schon jeder. Wenn jetzt jedes Auto garantiert und prompt explodieren würde, sobald es falsch abgestellt wird, würde kein Mensch sowas tun. Aber selbst wenn Sie hin wieder einen Strafzettel bekommen, dann meiden Sie vielleicht eine Zeitlang diese Stelle oder Sie passen besser auf, ob die Politesse kommt. Vom Falschparken wird Sie das aber in keinster Weise abhalten.

Die schlimmste Strafe, die es geben kann, ist der Verlust des Lebens. Aber hält die Todesstrafe für Mord irgendjemanden ernsthaft davon ab, einen Mord zu begehen? Wenn jemand erst einmal keine Hemmungen mehr hat, andere umzubringen, dann geht er davon aus, dass ihn niemand erwischt. Und er hat vielleicht sogar recht. Oder glauben Sie, dass alle Mörder erwischt werden? Um überzeugt sein Leben als anständiger Bürger zu leben, braucht es ein bisschen mehr als Abschreckung durch Strafe.

Wenn ein Industriebetrieb Produkte herstellt, die bei jeder Gelegenheit zu Bruch gehen oder die eine extrem hohe Schadensrate aufweisen, wird in der Regel eine Autofabrik nicht in eine Druckerei oder einen Bauernhof verwandelt, sondern man versucht, aus diesen Fehlern zu lernen. Die Strafe der Konsumenten heißt nämlich: diesen Schrott kaufen wir nicht, bzw. wir reklamieren das und machen euch Ärger. Strafe kann also sehr wohl anregend wirken und Menschen dazu bringen, kreativ zu werden. Auf Hunde bezogen kann das bedeuten: wenn Herrchen im Zimmer ist, lass ich die Wurst mal liegen, aber irgendwann geht er schon raus. Sie könnten also die Intelligenz und Kreativität Ihres Hundes fördern. Das geht zwar anders auch, aber immerhin wäre es möglich.

Strafe bewirkt also nicht unbedingt, dass ein Verhalten nachhaltig vermindert wird oder evtl. sogar ganz aufhört. Je nachdem kann es nur gezeigt werden, wenn man davon ausgehen kann, dass keine Strafe erfolgt: z.B. bei Rot über die Ampel fahren, wenn kein Vogelkasten über der Ampel hängt. Oder man lernt daraus, dass man das Verhalten so ändern muss, dass was Gutes dabei herauskommt, z.B. ein technisch besseres Produkt oder das rechtzeitige Wechseln der Reifen vor dem Wintereinbruch. Falls sich Strafe aber nicht abnutzt, wirkt sie wie ein Hemmschuh und der Hund leidet sein Leben lang unter Angst in Erwartung von Strafe, weil er etwas falsch machen könnte. Sehr sensible Hunde fallen sehr schnell in die erlernte Hilflosigkeit. Das bedeutet, dass sie sich nichts mehr zutrauen, ständig auf Anweisungen warten und permanent Angst haben, Fehler zu begehen und dafür bestraft zu werden. Teilweise ist diese Sensibilität rassebedingt. Alle Rassen, die sich eng an Menschen binden, sind dafür prädestiniert. Es ist aber auch individuell unterschiedlich.

Der biologische Sinn von Strafe ist, dass ein Lebewesen lernt gefährliche Situationen zu vermeiden. Vorsichtige Welpen haben eine deutlich höhere Chance erwachsen zu werden als draufgängerische. Auch der erfolglose Angriff auf ein sehr wehrhaftes Beutetier sollte bewirken, dass das Beutegreifer sich zukünftig die Beute etwas genauer ansieht, bevor er angreift. Ansonsten besteht die Gefahr, dass er verhungert, seine Jungen nicht oder nur sehr mühsam groß bringt oder dass er leicht und öfter verletzt wird. Deshalb reagieren die meisten Lebewesen auf Strafe mit Meideverhalten: sie bemühen sich die unerfreuliche Situation zu umgehen und zu vermeiden.

Auch reagieren Hunde leider nicht kreativ im Sinne eines Industriebetriebs auf Bestrafung. Da sie intelligente und sozial hoch organisierte Lebewesen sind, versuchen sie der Strafe, so gut es geht, zu entkommen, sie zu vermeiden. Weil wir ihnen aber nicht unbedingt beibringen, was wir von ihnen möchten, sondern durch unsere Strafen in der Regel spontan einwirken, ohne Alternativen aufzuzeigen, entwickeln sich häufig unerwünschte Verhaltensweisen. Sehr oft ist man gar nicht mehr in der Lage, die Ursache dieses Verhaltens zu ergründen und das wollen wir uns jetzt genauer an unserem Thema „Ziehen an der Leine“ untersuchen.

Zuerst brauchen wir ein strafwürdiges Verhalten und jemanden, der es als strafwürdig definiert. Was wir als schlechtes Benehmen oder Ungehorsam bei Hunden bezeichnen, kann von Mensch zu Mensch sehr unterschiedlich sein. Manchen Menschen ist es völlig egal, ob ihr Lumpi auf Kommando kommt oder nicht. Und auch Ziehen an der Leine ist nicht unbedingt ein Vergehen, wenn es Sie nicht stört. Sie glauben gar nicht, wie viele Menschen es gibt, die finden sich einfach damit ab und sagen: Hunde machen das eben. Sie hingegen finden das Ziehen ganz fürchterlich und möchten es Bello gerne abgewöhnen. Also versuchen Sie alles Mögliche, um ihn davon abzubringen. Irgendwann kommen Sie auf die Idee, es doch mal mit dem Leinenruck zu probieren.

Nehmen wir an, Ihr Hund ist ein überschwänglicher Menschenfreund. Immer wenn er jemanden sieht, egal ob er ihn kennt oder nicht, freut er sich ein Bein ab und zieht hin wie verrückt. Das ist aber nicht jedermanns Sache, denn manche Menschen mögen keine Hundehaare auf den Kleidern oder sie mögen auch keine Hunde. Und das ist ihr gutes Recht. Also nehmen Sie einen Kettenwürger, an dem Sie jedes Mal rucken, wenn Sie mit Ihrem Bello in eine derartige Situation kommen. Dazu sagen Sie immer laut und unfreundlich: pfui ist das! Ihr Nachbar macht das auch so. Bello kann das jetzt so interpretieren: Immer wenn ein Mensch, den ich eigentlich nett finde, entgegenkommt, wird mein Mensch unfreundlich (pfui ist das) und etwas tut mir am Hals weh. Je nachdem, was Sie für einen Hund haben, kann sich das auf Dauer auswirken wie folgt:

1. Bello bekommt Angst vor entgegenkommenden Menschen und will auf gar keinen Fall vorbeigehen.
2. Bello blickt zwar nicht durch und ist auch verunsichert, aber er merkt, dass Sie nicht wollen, dass er da hingeht.
3. Bello gibt dem entgegenkommenden Menschen die Schuld und will ihn verjagen, also fängt er an zu bellen: hau ab da, sonst tust du mir weh.
4. Bello ignoriert das alles und Sie greifen solange zu härteren Maßnahmen, bis es endlich funktioniert.

Im ersten Fall bekommen Sie einen ängstlichen, unsicheren Hund, der sich nichts mehr zutraut, im zweiten einen verunsicherten, der aus Angst folgt, im dritten einen angstaggressiven und im vierten können Sie sich überraschen lassen, wie er Ihre Strafaktionen irgendwann beantwortet. Sicher nicht mit wachsender Menschenliebe.

Erinnern Sie sich bitte an die Definition, die am Anfang steht. Sie möchten Ihren Hund dazu bringen, dass er etwas nicht mehr tut, wenn er es trotzdem tut, bestrafen Sie ihn. Strafe, wenn sie wirksam ist, hat aber den biologischen Sinn, dass der Hund entweder aus dieser Situation flieht oder sie in Zukunft meidet oder ein alternatives Verhalten entwickelt, um an sein Ziel zu kommen. In der Regel lernt er aber genau das durch Strafe nicht, sondern es muss ihm gezeigt werden. Ein alternatives Verhalten wäre in unserem Beispiel: er geht an Menschen ruhig vorbei, z.B. indem er einen kleinen Bogen geht.

Im zweiten Fall können Sie davon ausgehen, dass Sie im richtigen Moment die richtige Dosierung angewendet haben und auch die Art der Strafe war richtig. Was aber passiert, wenn Sie beim nächsten Menschen vorbei gehen, einen Moment nicht aufpassen und Bello hechtet wieder hin, ohne dass Sie an der Leine geruckt haben? Dann hatten Sie ein Problem mit dem Timing und Bello Erfolg. Wenn das mehrfach hin und her geht, haben Sie bei einem Hund, der hart im Nehmen ist, ein echtes Problem. Sie haben ihn dann nämlich variabel bestärkt und das ist die beste Belohnung, die es geben kann. Sonst würden nicht so viele Menschen Lotto spielen, obwohl sie im günstigsten Fall nur kleine Summen gewinnen. Ihr Hund lernt evtl. sogar zu erkennen, wann Sie aufpassen und wann nicht. Unabsichtlich haben Sie somit seine Intelligenz geschult, aber das, was Sie wollten, hat er nicht gelernt.

Wenn Sie einen eher feinfühligen Hund haben, dann wird der sehr verunsichert sein und nach einem System suchen, nach dem dieser schmerzhafte Leinenruck und der unfreundliche Ton kommen. Und schon haben Sie die schönsten Fehlverknüpfungen, die bei manchen Hunden schon nach der ersten Anwendung einer Strafe auftreten können: z.B. ist im gleichen Moment ein Kind vorbei geradelt, eine Mutter hat ihr Baby, das gerade schreit, im Kinderwagen geschoben, ein Flugzeug brummt am Himmel ... Und aus Gründen, die Sie überhaupt nicht nachvollziehen können, ist Ihr Hund in Zukunft beim Anblick eines Kindes auf dem Fahrrad, einer Frau mit Kinderwagen, wenn ein Kind schreit oder bei jedem Brummgeräusch je nachdem ängstlich oder aggressiv. Es kann Ihnen passieren, dass er in solchen Fällen alle Tätigkeiten einstellt, vor lauter Angst wieder bestraft zu werden. Vielleicht wird er aber auch richtig aggressiv gegenüber jedem, der von vorn kommt. Denn in seinen Augen ist der schuld an diesem Stress.

Sie wollten aber einen Hund, der ruhig an Passanten vorbeigeht. Und das haben Sie immer noch nicht erreicht.

Der Leinenruck ist nach wie vor für viele Trainer und Hundebesitzer das Mittel der Wahl, um einen ziehenden Hund zu korrigieren. Wir haben uns ausführlich damit beschäftigt, dass es uns am leichtesten fällt, irgendwas mit den Händen zu unternehmen. Also merken die meisten Menschen gar nicht, dass sie pausenlos an ihren Hunden rumzupfen. Umso leichter fällt es uns aber, wenn wir bewusst rucken.

Ein großes Problem beim Leinenruck besteht schon darin, dass wir den Hund korrigieren. Das bedeutet, dass Sie in aller Regel auf das strafwürdige Verhalten warten, drauf verzichten, ihm gut zu erklären, was er tun soll, und sowie er etwas „falsch" macht, bestrafen Sie ihn. Erinnern Sie sich? **Sie** haben das Ziehen an der Leine als strafwürdig beschlossen und **Sie** haben auch festgelegt, wie **Sie** ihn dafür bestrafen wollen: nämlich mit Rucken an der Leine und Schmerzen am Hals. Für einen Hund ist das eine vollkommen willkürliche und unverständliche Sache. Sie haben gelesen, dass wir selber unseren Hunden das Ziehen beibringen. Und irgendwann, wenn Lumpi nicht mehr ein niedliches, kleines Knäuel ist, das nur wenige Kilo wiegt, sondern ein großer Hund von mindestens 40 Kilo, regen wir uns darüber auf, dass er zieht. Wie soll er das verstehen? Noch viel weniger kann ein kleiner Welpe verstehen, warum ihm unaufhörlich am Hals rumgezerrt und rumgeruckt wird, wenn er doch einfach nur lernen möchte, wie das Zusammenleben mit den Menschen funktioniert. Über Schmerzen einen Hund zu erziehen, ist tierschutzrelevant, ungerecht und auf gar keinen Fall artgerecht.

Da wir schon über die gesundheitlichen Folgen von Ziehen an der Leine gesprochen haben und genug von Physiologie verstehen, um uns über den Folgen des Ruckes am Hals um Klaren zu sein, wissen Sie, dass Sie Ihren Hund ernsthaft gesundheitlich schädigen können. Zudem bekommt er keinen Hinweis darauf, dass jetzt gleich eine Strafe erfolgt, sondern Sie beobachten Ihren Bello ganz genau, ob er auch nur ansatzweise an der Leine zieht und sofort „korrigieren" Sie, sprich: Sie rucken an der Leine und damit auch am Halsband. Denn wenn Sie den Leinenruck anwenden, dann müssen Sie konsequent sein. Wenn es ihm nur unangenehm ist und nicht weh tut, dann wird es nichts bringen. Wer auch immer behauptet, dass ein Ruck an der Leine nicht weh tut und keine gesundheitlichen Folgen hat, der lügt sich entweder selber in die Tasche oder er lügt bewusst.

Sie fangen also an, Ihren Bello vor allem darauf hin zu beobachten, dass er etwas falsch macht. Was er alles richtig macht, fällt vollkommen hinten runter. Ganz gespannt laufen Sie neben ihm her und sowie er von der richtigen Linie – die **Sie** definiert haben, nicht er! – abweicht, wird geruckt und womöglich noch ein unfreundliches Kommando gegeben: „bei Fuß!". Wenn Sie sehr gut im Timing sind, dann geben Sie das Kommando eine Sekunde vor dem Ruck, kündigen also mit dem Kommando den Ruck an und Bello hat noch eine geringe Chance sich selbst zu korrigieren.

Um an der Leine rucken zu können, warten Sie, bis diese straff ist. Der Ruck erfolgt dann so, dass Sie die Leine einen winzigen Moment lockern, um sofort zu rucken. Sie straffen die Leine also wieder. Viele Hunde lernen sehr schnell: ich muss gut aufpassen, dass die Leine nicht locker wird, sonst kommt dieser Ruck. Und es wird weiterhin gezogen wie verrückt. Bei einer korrekt aufgebauten Leinenführigkeit lernt der Hund, sich selbst zu korrigieren, weil er nur so verstehen kann, um was es geht: laufen an lockerer Leine ist eine erfreuliche Angelegenheit. Beim Leinenruck wird er zum reinen Befehlsempfänger degradiert, er reagiert nur auf die unerfreulichen Aktionen, die von Ihnen kommen und muss seine ganze Aufmerksamkeit darauf richten, wie er den schmerzhaften Leinenruck vermeiden kann.

Die Motivation, mit der Sie in diesem Fall arbeiten würden, heißt deshalb Meidemotivation. Man muss sich die ganzen Konsequenzen dieser Motivation klar machen, um zu verstehen, welche verheerenden Folgen dieses Arbeiten nach sich zieht: der Hund versucht nicht mehr zu verstehen, was er tun soll, er versucht nur noch zu vermeiden, was er nicht tun soll, um so der Strafe „Leinenruck" zu entgehen. Ganz schön kompliziert, finden Sie nicht?

10. Das hast du gut gemacht! – Motivation, Belohnung und Bestätigung

Positive Motivation bedeutet mehr, als nur ein Leckerchen zwischen die Zähne eines Hundes zu schieben. Es bedeutet vor allem, dem Hund gut und nachvollziehbar in entspannter Atmosphäre die Aufgabe zu erklären, die so einfach sein muss, dass der Hund sie leicht lösen kann. Für die Ausführung wird ihm eine begehrte Belohnung in Aussicht gestellt, die er auch bekommt. Dabei ist es besonders wichtig, dass man Lösungen, die der Hund anbietet, erkennt und akzeptiert, denn nicht immer ist meine Vorstellung von der Umsetzung die beste. Außerdem muss der Hund gesund und munter sein, ein kranker oder müder Hund hat in der Regel nicht viel Lust zum Trainieren. Am besten verständlich wird das am Beispiel „herankommen".

Ein Mensch ruft seinen Bello, der auch prompt kommt. Das Leckerchen, ein Stück Trockenfutter, wird dem Hund weggezogen und es kommt erst das Kommando „sitz". Bello setzt sich, aber auch das reicht nicht, er soll gerade vorsitzen, denn Bello hat sich schon mal in die Nähe der Leckerchenhand gesetzt. Nach einigem Hin und Her klappt das auch, aber besonderes Interesse hat Bello an dem Leckerchen nicht mehr. Außerdem liegt sowieso jede Menge von dem trockenen Krümelzeugs täglich im Napf und das frisst er nur, weil es nichts anderes gibt. Er hat also nicht wirklich gute Gründe, beim nächsten Mal schneller zu kommen oder exakter vorzusitzen. Im Gegenteil, sowie er etwas in Aussicht hat, das ganz offensichtlich mehr Spaß macht, z.B. Radfahrer jagen, wird er lieber das tun, als zu Herrchen oder Frauchen laufen.

Aber das geht auch anders. Herrchen hat ein leckeres Stück Wurst in der Hand, ruft Bello freundlich mit einem klaren Sichtzeichen, z.B. Hand seitlich vom Körper weg, lobt ihn, während er kommt, und gibt ihm die Wurst, sobald er an der Hand angekommen ist. Auch jetzt wird er noch freundlich gelobt. Wenn Bello jetzt wieder geht, ist es in Ordnung. Das bedeutet – leider – nicht, dass Bello nie wieder Radfahrer jagt, wenn Herrchen ruft, aber die Wahrscheinlichkeit steigt enorm, wenn das über einen längeren Zeitraum und in unterschiedlichen Situationen mit wachsender Ablenkung gut gefestigt wird.

Beide Menschen glauben, dass sie mit positiver Motivation arbeiten, weil der Hund am Schluss sein Leckerchen bekommt. Aber in der ersten Szene wird viel zu viel verlangt, der Hund wird nicht prompt und nur unzureichend belohnt, und seine Lösung: „ich gehe auf die Seite, auf der das Leckerchen ist" wird nicht akzeptiert, obwohl der Mensch sie provoziert hat. Und von einem Lob hört er gar nichts, nur dass die Ausführung nicht in Ordnung war. Stellen Sie sich einfach eine entsprechende Situation in Ihrem Alltag vor, und überlegen Sie, ob Sie sich so motivieren lassen und wie begeistert Sie die Wiederholungen mitmachen würden.

Wenn man Hunde freundlich ruft, lobt und prompt belohnt, kommen sie auch gerne und schnell

In der zweiten Szene hat der Mensch nicht nur eine gute und begehrte Belohnung dabei, er macht dem Hund auch das Kommen leicht, weil er ihm schon während des Herankommens sagt: „Das machst du sehr gut, mach weiter so!" Automatisch geht der Hund auf die richtige Seite, weil er ja ein klares Sichtzeichen bekommt, er kann also gar keinen Fehler machen. Der Hund bekommt auch ohne Korrekturen sofort seine Belohnung und hört auch hier wieder, dass er das jetzt ganz großartig gemacht hat. Vermutlich freut er sich auf ein nächstes Mal, einfach weil es Spaß macht.

Welch ein Unterschied! Große Preisfrage: Bei welchem Menschen wären Sie lieber Hund?

Wir wissen heute, dass die Gefühle, die wir während einer Tätigkeit empfinden, für das Lernen eine enorme Rolle spielen. Wenn ich als Schüler gefordert bin, kreativ mitzuarbeiten, wenn meine Lösungen vom Lehrer nicht einfach verworfen, sondern geprüft und auf ihre Tauglichkeit untersucht werden, fühle ich mich ernst genommen. Dann macht es Spaß, mit diesem Lehrer zusammen zu arbeiten und ich werde an jede neue Aufgabe mit hoher Motivation herangehen. Ist mein Lehrer aber einer von der Sorte, die nur ihre einmal festgelegte Lösung akzeptieren, dann habe ich kein großes Interesse daran, selbst aktiv zu werden, dann lerne ich eben die Lösungen auswendig und bin froh, wenn ich mit ihm nichts zu tun habe. Zudem nimmt meine Bereitschaft, mit diesem Menschen etwas zusammen zu machen und mich für sein Fachgebiet zu interessieren, deutlich ab.

Eine kleine Anekdote aus meiner Tätigkeit als Druckingenieur soll das erläutern. Am Ende meines Studiums bewarb ich mich um eine Innendienststelle in einer mittelgroßen Druckerei. Ich wurde an einem strahlenden Sommertag in ein kleines, fensterloses Kämmerchen gesetzt und alle möglichen Menschen befragten mich der Reihe nach, ob ich auch tatsächlich für diesen einmaligen Betrieb und diesen phantastischen Job in Frage käme. Da man nicht allzu viel Auswahl an Fragen für Sachbearbeiter hat, wiederholte sich das Interview also mehrmals. Der entscheidende Mann, der sich dieses System ausgedacht hatte, war der Personalchef. Nach der fünften Befragung – ich hatte eigentlich schon beschlossen, dass das für mich nichts war und wollte nur noch wissen, was denen noch alles einfiel – fragte ich ihn, was das solle und ob bald Schluss sei. Er war ganz empört, weil ich seine großartige Idee nicht so toll fand, aber er wollte mir noch eine Chance geben und legte mir einen Test aus einem auflagenstarken Magazin vor. Die Überschrift lautete: „Gehören Sie zur geistigen Elite der Welt?" Also nicht nur Deutschland, nein gleich die ganze Welt musste es sein. Im Vorspann stand, dass nur wenige tausend Menschen diesen unglaublich durchdachten Test bestehen könnten. Weltwelt, versteht sich. Nachdem die Fragen im Grunde das Niveau von etwas kniffligeren Rätseln hatten, machte ich mich munter daran, schließlich war es auch eine nette Abwechslung zu dieser Befragerei. Um es kurz zu machen: ich gehöre nicht zur geistigen Elite der Welt, da meine Antworten zwar logisch und durchdacht waren, aber nicht unbedingt der Auflösung aus dem Magazin entsprachen. In einem Punkt fing ich an, mit dem Herrn Personalchef zu diskutieren und fast wurde er wankend, ob nicht doch eine zweite Lösung möglich sei. Soviel intellektuelle

Selbständigkeit wurde ihm aber dann doch zu viel und meine Ideen wurden verworfen. Aus der Anstellung wurde natürlich nichts. Einige Jahre später bewarb ich mich bei einem Unternehmensberater, der mir sofort sehr sympathisch war und im Laufe des Gesprächs stellten sich viele Gemeinsamkeiten heraus. Er suchte für eine Druckerei jemanden, der den Innendienst leiten sollte. Nach einiger Zeit stellte sich heraus, dass es genau diese Druckerei war, die mich damals so merkwürdig behandelt hatte. Die Stelle war mit einem sehr attraktiven Gehalt verbunden. Was glauben Sie? Habe ich dort angefangen? Ganz sicher nicht. Eine Studienkollegin, die dort später arbeitete, erzählte mir, dass die Firma jahrelang Probleme hatte, vernünftige Leute zu finden. Wenn sie unter eigenem Namen inserierte, bewarb sich gar keiner, und auch dieser sympathische und kompetente Unternehmensberater hatte die größten Probleme, sobald klar war, für wen er arbeitete. So weit kann es kommen, wenn man starr an Lösungen festhält und die Lösungen anderer nicht akzeptiert.

Bevor wir uns jetzt überlegen, wie wir unseren Hund motivieren und bestätigen können, machen wir uns noch ein paar Gedanken über den Unterschied zwischen Motivation und Bestätigung, bzw. Belohnung. Das Wort „motivieren" bedeutet lt. Brockhaus Enzyklopädie: zu etwas anregen, veranlassen. „Motivation" erklärt der Brockhaus so: „Motivation ist eine hypothetische Bezeichnung, um die Gesamtheit der in einer Handlung wirksamen Motive zu erklären, die das individuelle Verhalten aktivieren, richten und regulieren. Welche der verschiedenen Motive im Einzelfall wirksam werden, hängt von der Stärke und Vereinbarkeit innerhalb der Motivation und der Aussicht auf Erreichung des Ziels ab."

Das bedeutet, dass ein Hund unterschiedliche Motive haben kann, für Sie etwas zu tun. Er kann es einfach super finden, dass er mit Ihnen zusammen etwas machen darf. Das erleben wir häufig bei Hunderassen, die genetisch bedingt eng mit Menschen zusammen arbeiten wie z.B. Hütehunde. Oder er macht einfach alles für etwas zu essen, das ist dann mehr die Variante der Jagdhunde, allen voran die Retriever. Oder hat er hat einen Riesenspaß am Rennen, freut sich also über jedes Rückrufkommando, oder er ist schrecklich gern in Ihrer Nähe. Oder es ist eine Kombination von allem. Es kann aber auch passieren, dass in seiner Nähe etwas stattfindet, das ihn deutlich mehr reizt, z.B. weil ein Häschen aufspringt oder seine beste Freundin vorbeigeht. Dann muss er abwägen, was ihn mehr motiviert: zu Ihnen laufen oder dem Häschen hinterher jagen. Die Tatsache, dass Sie mit einem Filetsteak wedeln, ist nicht gleichbedeutend damit, dass Bello immer gleich hochmotiviert angesaust kommt, wenn Sie rufen. Sie müssen alles gut verfestigen und mit unterschiedlichen Ablenkungen üben, dass er irgendwann gar nicht anders kann, als Ihr Kommando zu befolgen.

Vielfach wird behauptet, dass „die Bindung nicht stimmt", wenn ein Hund nicht richtig folgt. Das wäre dann gleichbedeutend damit, dass Sie Ihren Partner nicht richtig lieben, nur weil Sie mal mit Ihrem Bruder ins Kino gehen und nicht mit ihm oder konzentriert Ihr Buch weiterlesen, wenn er ins Zimmer kommt. Stimmt das? Ganz sicher nicht. Sie müssten die Bindung Ihres Lumpis danach auch in Frage stellen, wenn er sich lieber von Tante Anna als von Ihnen kraulen lässt. Sie sind immer da und Tante Anna nur heute, und sie kann ganz toll kraulen. Liebt er Tante Anna also mehr? Das glaubt kein Mensch im Ernst. Ebenso wenig hat die Befolgung einer Anweisung wie „komm zu mir" oder „bei Fuß" etwas mit guter oder schlechter Bindung zu tun. Bindung ist etwas zweiseitiges, hat mit Gefühlen füreinander, mit Respekt und Liebe zu tun. Sonst würden nicht ausgerechnet die Hunde wie Marionetten neben ihren Menschen herlaufen, um die sich wenig gekümmert wird, die im Zwinger dahinvegetieren, nur für „Hundesport" mal raus dürfen und ihre eigenen Interessen nie und nirgends wahren dürfen. Von einer guten Bindung ist da aber wahrlich nicht die Rede, eher von einem Sklavenleben.

Wenn Bello also – leider – entscheidet, dass das Häschen jetzt gleich weg ist, Sie aber in einer halben Stunde immer noch da sind, und deshalb in Richtung Häschen abdüst, dann hat das nichts mit Bindung, aber sehr viel mit Motivation, nicht so gut gefestigten Kommandos und eventuell mit einer gehörigen Portion Leichtsinn Ihrerseits, weil Sie ihn frei laufen lassen, zu tun. Um bei einem Signal eine hundertprozentige Erfolgsquote zu erreichen, müssen Sie sich schon was einfallen lassen. Wenn die Alternative zu Ihnen zu großartig ist, dann sollten Sie immer Maßnahmen treffen, z.B. Ihren Hund anleinen, damit er erst gar nicht in Versuchung kommt und keine Fehler machen kann.

Motivation bedeutet also: unser Freund hat Gründe, warum er Ihr Kommando befolgt, und da wir mit positiver Motivation arbeiten, findet er diese Gründe gut. Motivation bedeutet aber auch: er tut etwas, das ihm Spaß macht, auch wenn Sie nicht damit einverstanden sind, z.B. sich in den unerfreulichen Hinterlassenschaften von Wildschweinen wälzen.

Falls Sie mit Strafe arbeiten, wird er versuchen diese zu vermeiden. Sie arbeiten dann mit Meidemotivation. Und auch wenn er regelmäßig sein Stückchen Käse bekommt, hat das mit positiver Motivation nichts zu tun. Für diese Art von Arbeit ist das Ausbleiben der Strafe die Belohnung. Viele Hunde wollen dann gar kein Leckerchen, weil sie zum einen viel zu stark damit beschäftigt sind, aufzupassen, dass sie falsche Handlungen vermeiden. Und zusätzlich verstehen sie auch nicht wirklich, wozu das Leckerchen gut sein soll.

Wie wir oben gesehen haben, kann ein Hund durch verschiedene Dinge motiviert werden: hier stehen Sie mit dem Filetsteak, dort läuft der Hase. Wenn jetzt das Hasenjagen für ihn das Größte auf der Welt ist, dann könnten Sie ihn – theoretisch – jedes Mal für gutes Befolgen eines Kommandos einen Hasen jagen lassen, denn das Filetsteak reicht offensichtlich nicht. Damit arbeiten Sie mit Primärmotivation: Bello bekommt genau die Belohnung, die er am liebsten haben möchte. Jetzt kriegen Sie aber mit dieser Belohnung auf Dauer Ärger – sehr zu Recht – und den Hasen gegenüber ist es auch unfair. Also müssen Sie sich was anderes einfallen lassen.

Ein entscheidender Punkt beim guten Gehorsam ist: man übt so ausgiebig und unter so vielen Bedingungen, dass Bello irgendwann gar nicht anders kann, als Ihre Anweisungen zu befolgen. Das ist wie mit dem Telefon: Sie sind beruflich auf das Telefon angewiesen und müssen unbedingt bei jedem Klingeln hingehen. Also gehen Sie auch immer ans Telefon wenn es zu Hause klingelt, selbst wenn es Sie nervt. Beim ersten Ton stehen Sie schon senkrecht, Sie können gar nicht anders.

Aber ebenso wie Sie ab und zu entscheiden, dass Sie jetzt erst Ihren Kaffee austrinken und dann ans Telefon gehen, auch auf die Gefahr hin, dass der andere auflegt, so müssen Sie akzeptieren, dass Bello immer mal entscheidet, nicht auf Sie zu hören: das kann sein, wenn er von einem anderen Hund bedroht wird, wenn er zu stark abgelenkt ist, wenn es für ihn gefährlich oder unzumutbar ist. Ein Hund ist keine Maschine und er muss auch nicht „funktionieren", genauso wenig wie Sie. Je geduldiger Sie mit ihm sind, je besser Sie ihre Kommandos absichern, je mehr Zeit Sie sich für den Aufbau lassen, je besser Sie ihm alles erklären, umso sicherer wird er Ihre Anweisungen auch befolgen und Sie werden sehen, irgendwann sind Sie ganz nahe an hundert Prozent dran.

Wir arbeiten in der Regel mit einer Kombination von Loben und Futter und zeigen unserem Hund langsam und gründlich mit steigender Ablenkung, was er tun soll. Denn auch das Lernen an sich bedeutet für Hunde eine starke Motivation. Gerade Welpen und Junghunde möchten von uns wissen, wie wir uns das Zusammenleben vorstellen und was sie dazu beitragen können. Wenn wir die Hunde nicht immer mit dem belohnen können, was ihnen am liebsten wäre, dann bekommen sie einen – fast – gleichwertigen Ersatz. Das nennt man Sekundärmotivation: eigentlich wäre Hasenjagen besser, aber es gibt „nur" Wurst und ein dickes Lob.

In vielen Fällen vermischen sich beide Formen, denn wenn ein Schäferhund für sein Leben gern zu Ihnen hinrennt, dann tut er ja das, was er gerne tut. Aus dem Befolgen des Kommandos wird ein selbstbelohnendes Verhalten. Womit wir bei der Belohnung / Bestätigung wären.

Es ist nicht immer ganz einfach, diese beiden Begriffe auseinander zu halten. Die Bestätigung können Sie gleichsetzen mit einem „Aha-Erlebnis": So soll ich es machen, so ist es richtig. Die Belohnung besteht dann gewissermaßen aus den Schokostreuseln auf dem Capuccino. Denn auch die Erkenntnis „Was ich tue, ist richtig" birgt ja schon eine Belohnung in sich. Wenn Sie bei einer schwierigen Kalkulation endlich das richtige Ergebnis haben, dann freuen Sie sich darüber und zur Belohnung machen Sie Kaffeepause. Deshalb sollte man die Leckerchengabe beim Einüben von Signalen auch nicht überbewerten und sich vor allem darauf konzentrieren, dass das Erlernen an sich Spaß macht und Erfolg bringt. Wer denkt: „das macht er doch nur wegen dem Leckerchen" hat nicht wirklich verstanden, wie und warum Hunde gerne oder eben nicht so gerne lernen.

Warum lernen Kinder für einen Lehrer alles, egal was er ihnen aufgibt? Und beim anderen ist alles zu viel? Ich hatte einen sehr strengen, unpersönlichen Mathematiklehrer in der 10. Klasse. Bis dahin war ich in Mathe dahin gedümpelt. Er streute immer mal wieder Bemerkungen ein wie: Das ist die Grundlage zur Berechnung der Schleuderkraft bei einer Wäscheschleuder. Und da wurde mir klar, dass ich das nicht nur lernen muss, weil die Lehrer mich schikanieren wollen, sondern dass man im Leben mit solchen Sachen tatsächlich was anfangen kann. Und siehe da, es war plötzlich gar kein so großes Drama mehr im Unterricht aufzupassen und Hausaufgaben zu machen. In seiner strengen Art war er auch sehr gerecht und würdigte selbst geringe Leistungen angemessen. Es war für ihn keine Selbstverständlichkeit, dass jemand, der immer kurz vorm Abschwimmen war, sich plötzlich bemüht und lernt. Vielleicht war er gar nicht so unpersönlich, wie er immer wirkte, sondern einfach ein guter Lehrer, der allen gerecht wurde?

An Belohnungen haben wir verschiedene Möglichkeiten:

- Loben: das muss immer kommen, denn Ihre Stimme haben Sie immer dabei
- Leckerchen: das ist eine ruhige, einfache und wirkungsvolle Belohnung, und Sie können viel erkennen und wenig falsch machen
- Streicheln, Körperkontakt: das ist schwierig, weil Ihrem Hund nicht unbedingt immer nach Schmusen zumute ist. Bei kleinen Hunden rate ich generell davon ab, weil sie oft Probleme mit dem Drüberbeugen haben. Hunde, die zur Belohnung gerne gestreichelt werden, zeigen das auch ganz deutlich.
- Spielen: hier kann man viel falsch machen, wenn man den Hund dabei hochpuscht. Nach einer komplizierten Übung, bei der Hund sich stark konzentrieren musste, kann ein Rennspiel eine feine Sachen sein, aber nach jeder Platzübung mehrfach einen Ball zu werfen, ist kontraproduktiv, weil der Hund viel zu stark aufgepuscht wird.

Fangen wir mit dem Loben an. Menschen brauchen für alles Beweise, am besten in Form einer wissenschaftlichen Untersuchung. Die gibt es auch in Bezug auf das Loben. Glücklicherweise. Es ist erwiesen, dass Hunde besser gehorchen, wenn sie jedes Mal bei der Ausführung eines Kommandos gelobt werden. Dabei muss man nicht einen Handstandüberschlag machen, denn das Lob sollte der Situation angemessen sein. Wenn Bello eine richtig lange Strecke an lockerer Leine gelaufen ist und Sie sagen in ruhigem, freundlichen Ton: „das macht du ganz fein", so dass er sich erkennbar freut, aber trotzdem ruhig weiterläuft, war es der richtige Tonfall. Auch bei einer Bleibübung ist ein ruhiges Lob angebracht, da sonst die Gefahr besteht, dass Bello voller Begeisterung aufspringt und zu Ihnen hinrennt. Wenn er sich dagegen von einem Hasen abrufen lässt, dann dürfen Sie sich schon mal ein Loch in den Bauch freuen, und das soll er auch zu hören kriegen. Dazwischen gibt es viele Abstufungen, die Sie nutzen können.

Ein Lob muss immer als solches rüberkommen. Wenn man übertreibt, drehen manche Hunde leicht hoch, aber zu wenig ist erst recht nichts. Lob ist nicht die Abwesenheit von Tadel, sondern eine aktive Sache, bei der Sie Ihrem Hund Ihre angemessene Freude über sein Tun mitteilen. Bei einem Kurs, bei dem ich einmal assistierte, lobte einer der Teilnehmer seinen Hund mit: „na also, geht doch!" Den „freundlichen" Ton dürfen Sie sich selber dazu denken. Eigentlich unterschied sich das Lob nur durch die Wortwahl, der Ton war immer gleich unfreundlich. So geht das wirklich nicht. Sie loben Ihren Bello dann richtig, wenn er sich darüber freut, ohne abzudrehen.

Über die Leckerchenbelohnung haben wir schon einiges gesagt. Man sollte sie nicht überbewerten, aber sie ist wichtig und relativ leicht zu handhaben, denn die meisten Hunde fressen gerne. Auf alle Fälle muss das Leckerchen so sein, dass der Hund es gerne nimmt, Wenn Sie ihn mit seinem normalen Trockenfutter belohnen, das er nur frisst, weil er nichts anderes bekommt, dann handelt es sich nicht wirklich um Belohnung und dann sollte sich auch niemand wundern, wenn er es nicht mag. Finden Sie also heraus, was er wirklich gerne frisst.

Dazu gibt es einen einfachen Test, der Ihnen und ihm Spaß macht: die Leckerchenhitliste. Sie suchen 8-10 verschiedene Leckerchen zusammen, von denen Sie glauben, dass er sie gut findet. Das müssen nicht nur gekaufte sein, das könnte auch Wurst, Käse, harte Eier, gekochte Nudeln, Zwieback oder auch selbstgebackene Leckerchen sein. Sehr beliebt ist getrocknete Lunge, die man bei vielen Anbietern in kleinen Häppchen bekommt. Nehmen Sie in jede Faust je ein Leckerchen und lassen Sie ihn an jeder Faust riechen. Er wird an der Hand hängen bleiben, die besser riecht. Den Inhalt bekommt er auch. So testen Sie jedes gegen jedes und bekommen eine wunderbare Hitliste, was er in welcher Reihenfolge mag. Man braucht manchmal eine Superbelohnung, die es zum Abschluss einer schweren Übung gibt, aber in der Regel benötigt man Leckerchen, die der Hund zwar gerne frisst, bei denen er sich aber nicht völlig vergisst, wenn er sie schon riecht. Ein mittleres Motivationslevel ist das, was wir für ein normales Training brauchen.

Ein großer Vorteil der Futterbelohnung ist, dass Sie sehr variabel belohnen können. Wenn Sie total begeistert sind, dann geben Sie etwas Besonderes oder von etwas Normalem sehr viel. Ein weiterer Vorteil ist, dass Sie bei komplizierten Trainings etwas über den Gemütszustand Ihres Hundes erfahren. Gerade wenn er sehr angestrengt und evtl. auch sehr gestresst ist, dann nimmt er in der Regel nichts und Sie wissen, dass Sie übertrieben haben und jetzt mal schnell einen kleineren Gang einlegen sollten. Ebenso sagt Ihnen die Art, wie er das Leckerchen nimmt, wie er gerade drauf ist. Nimmt er es normalerweise sanft und vorsichtig und heute spüren Sie die Zähnchen? Das sind ein Zeichen dafür, dass irgendetwas zu viel ist und Sie weniger machen oder die Übung beenden müssen.

Die Gefahr bei der Futterbelohnung ist, dass Sie zum Leckerchenautomaten werden, wenn Sie nicht aufpassen und sich zu sehr auf die Leckerchen verlassen. Evtl. versuchen Sie auch, Bello für gute Aktionen zu bestechen: wenn du jetzt brav an Hasso vorbeigehst, dann gibt es auch was Gutes. Das kann schwierig werden, denn auf die Art kann passieren, dass Sie sich davon abhängig machen, ob Sie was dabei haben oder nicht. Falls Sie sich nicht sicher sind, ob Sie es richtig machen, suchen Sie sich eine kompetente, gewaltfrei arbeitende Hundeschule, die Ihnen zeigen kann, wie es geht.

Als nächstes haben wir den Körperkontakt und das Streicheln. Das ist nicht unbedingt das Gleiche. Manche Hunde drücken sich gerne mal an ihren Menschen hin und die Menschen beugen sich dann über den Hund, der sofort ausweicht, weil ihm das Drüberbeugen und die damit entstehende Unruhe unangenehm sind. Ihm würde es völlig reichen, wenn er den Kontakt zu seinem Menschen spürt. Manche Hunde fordern das Streicheln regelrecht ein. Meistens suchen sie dann auch den Blickkontakt und lachen einen an, als wollten sie sagen: mach schon, bitte knuddeln! So einen Hund zur Belohnung zu streicheln und durchzuknuddeln ist natürlich total in Ordnung. Einer, der ausweicht, empfindet es aber nicht als Belohnung. In der Regel belohnen wir uns mit diesen Streichelaktionen selber, weil wir unsere Hunde so gerne anfassen. Es sollte aber auch und vor allem für Bello eine Belohnung sein. Wenn er das nur über sich ergehen lässt, nach dem Motto: alles geht vorüber, dann ist es keine Belohnung. Heben Sie sich die Kuschelaktionen dann lieber für abends auf dem Sofa auf.

Die schwierigste Belohnung von allen, die leider viel zu oft eingesetzt wird, ist das Spielen. Es kommt zwar sehr darauf an, wie und was man mit dem Hund spielt, aber man muss schon gut aufpassen, was man macht und wie man das Spiel aufbaut. Ballspielen ist generell eine Beschäftigung, die man mehr als sparsam einsetzen sollte. Falls Sie sich dafür entschieden haben, keine Bälle für Fiffi zu werfen, kann ich Ihnen zu dieser klugen Entscheidung nur gratulieren. Sie üben mit Ballspielen hervorragendes Jagdverhalten ein und außerdem besteht bei übermäßigem Spiel die Gefahr, dass Fiffi zum Balljunkie wird. Auch das birgt viele Gefahren in sich, auf die wir hier nicht näher eingehen. Bei einem unangemessenen Spiel drehen manche Hunde extrem hoch, und wenn das die übliche Belohnung ist, kann es ganz schnell passieren, dass Bello sich nicht mehr konzentrieren kann, weil er schon wie ein Geier darauf wartet, dass endlich das wilde Spiel losgeht.

Wenn Sie ihn nach einer anstrengenden Übung Leckerchen suchen lassen, auch mal mit ihm kurz über die Wiese rennen, und ansonsten alles in aller Ruhe abläuft, dann ist das schon in Ordnung. Aber Sie müssen immer daran denken: das soll jetzt eine Belohnung sein, keine Hochpuschen. In der Regel empfehle ich alle anderen Möglichkeiten und das Spiel sollte eher die Ausnahme sein, weil wir oft nicht in der Lage sind, die richtige Dosierung zu finden.

Ein ganz entscheidender Faktor wird leider immer vergessen, deshalb wollen wir uns das mal etwas näher betrachten: wann muss ich meinen Hund überhaupt motivieren, bzw. gibt es nicht vielleicht Situationen, in denen ich meinen Hund zur Zusammenarbeit gar nicht motivieren muss, weil er einfach von sich aus mitmacht?

Wenn Sie bei allem und jedem große Erwägungen anstellen müssen, wie Sie Bello dazu bringen, dieses oder jenes für Sie zu tun, dann sollten Sie einfach mal darüber nachdenken, ob Sie den richtigen Hund haben. Zumindest sollten Sie überlegen, ob das, was Sie von Ihrem Hund wollen, auch wirklich das ist, was er möchte. Eine Hündin, die bei mir zum Urlaubstraining für gutes Apportieren angemeldet war, hat sich einfach überhaupt nicht für egal welches Apportierspiel mit der großartigsten Belohnung weltweit interessiert. Aber auf meinen Geräten ist sie herumgeklettert und hat dabei gestrahlt wie ein Kronleuchter. Ihre Menschen hatten immer versucht, ihr das Herumtragen von weiß Gott was für Dingen schmackhaft zu machen, sie war in den süßesten Tönen gelobt und mit den wunderbarsten Leckerchen belohnt worden. Naja, dann hatte sie das halt gemacht, weil Herrchen und Frauchen das offenbar so super fanden. Aber richtig Spaß hatte sie am Klettern und Balancieren.

Klettern macht Spaß!

Jeder Schäfer wird Ihnen bestätigen, dass in jedem Wurf unterschiedliche Hunde sind. Die einen kann man selbst im Welpenalter kaum zurückhalten, sie werfen sich voller Begeisterung auf die Arbeit, die wahrhaftig kompliziert und anstrengend ist. Andere lernen das Hüten schon auch. Wenn es unbedingt sein muss, machen sie eben mit, die Anlagen dazu haben sie ja. Aber mit Begeisterung? Das muss jetzt nicht unbedingt sein.

Hunde sind grundsätzlich sehr kooperativ. Das sind alle Lebewesen, die dafür geschaffen sind, in sozialen Gemeinschaften zu leben. Letztendlich ist diese Kooperationsbereitschaft die Voraussetzung für jede soziale Gemeinschaft. Es bedeutet, dass man die eigenen Interessen zugunsten der Interessen anderer auch mal zurückstellt. Das tut man, weil einem die eigenen momentan nicht so wichtig sind, weil man dem anderen einen Gefallen tun möchte, weil man ihm etwas schuldig ist..... Gründe dafür gibt es viele. Ein Grund kann sein: der andere bedroht einen mit Strafe, Verachtung und / oder Ausschluss aus der Gemeinschaft, wenn man nicht tut, was er möchte. Sowas nennt man Erpressung. Weil Hunde so unglaublich nette und kooperative Zeitgenossen sind, wehren sie sich in der Regel nicht gegen diese Art der Übergriffigkeit. Sie machen mit und lassen sich mit mehr oder weniger freundlichen Methoden zu dem motivieren, was der Mensch sich ausgedacht hat.

Was hat das mit Leinenführigkeit zu tun? Wie wir gesehen haben, ist Leinenführigkeit nichts, was ich voraussetzen kann. Im Gegensatz zu der

Fähigkeit zum Jagen oder Schafe zu hüten wird Leinenführigkeit nicht vererbt. Was allerdings bei allen Hunden vorhanden ist, ist die Fähigkeit und Bereitschaft zur Kooperation, sowie der natürliche Folgetrieb beim Welpen. Voraussetzung dafür ist, dass wir die Bedürfnisse und Interessen unserer Hunde als gleichwertig anerkennen und berücksichtigen, dass sie nicht immer gut finden, was wir von ihnen wollen. Eine weitere Voraussetzung ist, dass wir ihnen gut und freundlich zeigen, was wir möchten, wie sie es ausführen können und ihnen auch unsere Anerkennung und Freude über das Mitmachen deutlich zu erkennen geben.

Fazit: Positive Motivation mit der richtigen Bestätigung und einer begehrten Belohnung ist eine feine Sache, so machen Sie es immer richtig.

Der Vollständigkeit halber gibt es hier noch ein Schema aus der Lerntheorie, das die Begriffe „positive / negative Verstärkung / Strafe" erläutert.

bewirkt, dass das Verhalten häufiger auftritt	**bewirkt, dass das Verhalten seltener auftritt**
positive Verstärkung etwas Angenehmes wird hinzugefügt, z.B. Lob, Leckerchen, Zuwendung	positive Strafe etwas Unangenehmes wird hinzugefügt, z.B. Leinenruck, unerwünschter Körperkontakt, psychischer Druck, physische Gewalt
negative Verstärkung etwas Unangenehmes wird entfernt z.B. der Druck wird entfernt / gemindert, die unangenehme Situation wird aufgelöst	negative Strafe etwas Angenehmes wird entfernt z.B. Ignorieren, Belohnung wird verweigert

Verstärkung benötigt man, wenn man möchte, dass das **Verhalten zunimmt, Strafe** verwendet man, wenn ein **Verhalten gestoppt und / oder grundsätzlich verhindert werden soll.**

Positiv bedeutet: es wird etwas quantitativ **hinzugefügt, negativ**: etwas wird **entfernt** Wer freundlich und gewaltfrei arbeitet, wird sich deshalb immer für die positive Verstärkung entscheiden.

An den sehr vagen Formulieren „bewirkt, dass das Verhalten häufiger / seltener auftritt" sehen Sie schon, dass beides, sowohl die positive Verstärkung als auch das Arbeiten über Strafe und Druck nicht zu hundert Prozent funktionieren. Da ist es doch sicher besser, sich für die freundliche Variante zu entscheiden, wenn man auf beiden Wegen eine bestimmte Zeit braucht, um sein Ziel zu erreichen.

11. Über Erziehungsgeschirre, Telefonate mit Hunden und andere „Hilfsmittel"

Ja, Sie haben richtig gelesen. Manche Menschen haben die Möglichkeit, mit ihren Hunden zu telefonieren und wenden das bei der Ausbildung auch an. „Telefonieren" nennen manche Menschen den Einsatz von Stromreizgeräten. Eine nette Bezeichnung für Folter, denn etwas anderes ist der Einsatz dieser Geräte nicht. Doch der Reihe nach. In diesem Kapitel beschäftigen wir uns mit den Hilfsmitteln, die man auch „Starkzwangmethoden" nennt.

Die folgende Definition stammt von Wikipedia:
„Als Starkzwang bezeichnet man den Einsatz von Zwängen, um ein bestimmtes Verhalten beim Hund zu erreichen. Dazu werden Hilfsmittel wie ein Stachelhalsband oder Telereizgeräte eingesetzt. Starkzwang kann auch über ein normales Gliederhalsband oder eine lange Leine ausgeübt werden, ob man dies aber noch als Starkzwang bezeichnet, ist eine subjektive Frage. Starkzwang wird eingesetzt, um entweder ein unerwünschtes Verhalten abzutrainieren oder ein erwünschtes Verhalten zu erlernen. Sein Einsatz ist in der Hundeausbildung umstritten. In vielen Ländern ist der Einsatz von Stachelhalsband und Telereizgerät verboten. In den meisten Sporthundeverbänden, und somit auf den Hundeplätzen, ist der Gebrauch auch nicht erlaubt."

Wir wollen mal hoffen, dass der Verfasser dieser Definition weiß, wovon er spricht. Denn leider gibt es immer noch viele Hundeplätze, und zwar sowohl Vereine wie gewerbliche Hundeschulen, bei denen der Einsatz von Starkzwangmethoden gang und gäbe ist. Und ob es eine subjektive Frage ist, wenn man Gliederhalsbänder, oder besser Kettenwürger zu den Starkzwanghilfsmitteln zählt, deutet schon auf eine sehr große Toleranz hin, wenn es um den Umgang mit Hunden geht.

Die Anwendung von Stromreizgeräten ist in Deutschland verboten, ebenso Stachelhalsbänder und Würgehalsbänder ohne Stopp. Und das ganz ohne subjektive Einschätzung. Im Jahr 2003 hat der BGH (Bundesgerichtshof) in einem Urteil festgestellt, dass der Einsatz von Stromreizgeräten zu Zwecken der Hundeausbildung nach geltendem Tierschutzrecht grundsätzlich und ohne Ausnahme für alle und jeden verboten ist – auch für Hundetrainer, Jäger und Polizisten.

Was man bei Hunden als „Starkzwang" bezeichnet, wird im Humanbereich „Folter" genannt. Wer sich die Mühe macht, über Google der „Folter" auf die Spur zu kommen, wird unschöne Dinge sehen, die vermutlich jeden zivilisierten Menschen schwer schockieren. Da ist von Schlägen die Rede, von Methoden, wie man jemanden so würgt, dass er fast erstickt. „Waterboarding", also das Untertauchen des Kopfes, damit der Betreffende meint, er müsse ertrinken, kennt seit Guantanamo fast jeder politisch Interessierte, aber auch von Strom und Schlägen aller Art ist die Rede, und das alles fällt unter den Begriff „Folter". Wir verbinden mit diesem Wort häufig Szenen, die wir als „mittelalterlich" bezeichnen, da wir gelernt haben, dass diese Art von Umgang mit anderen Menschen vor allem in weit, weit entfernten Zeiten normal war. Manch einer vermutet vielleicht auch, dass so etwas niemals mehr in Europa vorkommt, vielleicht im nicht ganz so zivilisierten Ausland, aber hier bei uns, in Europa, in Deutschland? Nein, ganz sicher nicht.

Wenn Sie das glauben, muss ich Sie enttäuschen. Sie haben – leider – nicht recht. Denn viele Hunde werden mit Foltermethoden „erzogen", oder sollte man besser sagen: abgerichtet oder dressiert. Man muss dabei zwischen psychischer und physischer Folter unterscheiden. Die Folgen sind nie ausschließlich körperlich, die wirklich schweren Folgen sind immer psychischer Natur.

Dazu gehören:

- Untererernährung
- Isolation, Einzelhaft
- anschreien, beschimpfen, demütigen
- extreme körperliche Belastung (Ausbeutung, Zwangsarbeit)
- jeglichen Witterungsverhältnissen ausgesetzt zu werden
- Schläge, Tritte, Peitschenschläge
- das Zufügen von Schmerzen und Wunden wie Verbrennungen
- Vergewaltigung
- Vortäuschen von Ermordung (waterboarding, Erschießung)
- Fixieren in schmerzhaften Körperhaltungen, starke Einschränkung der Bewegungsfähigkeit
- Elektroschocks bevorzugt an besonders empfindlichen Körperteilen wie den Nieren, dem Hals und / oder den Geschlechtsorganen

  ....

Die Liste ließe sich beliebig lange fortsetzen, aber wer sich tatsächlich dafür interessiert, kann sich gerne über das Internet weiterbilden. Für uns ist vor allem interessant, welche dieser Methoden man bei Hunden, teilweise modifiziert, einsetzt und wie und warum sie wirken.

„Unterernährung" wird niemand ernsthaft in Erwägung ziehen, wenn er seinen Hund vernünftig erziehen möchte. Aber viele Menschen denken durchaus, dass es sinnvoll sein kann, wenn ein Hund bei seiner täglichen Mahlzeit nicht satt wird oder diese auf den ganzen Tag verteilt aus dem Futterdummy als Belohnung für erwünschtes Verhalten bekommt. Auf den ersten Blick sieht das ganz harmlos aus. Tatsache ist, dass Hunde als Beutegreifer sich nach Möglichkeit einmal am Tag satt fressen sollten. Darauf und auf die evtl. nachfolgende Leere im Verdauungsapparat ist ihr Organismus ausgelegt. Ein ständiges Vor-sich-hin-Fressen ist bei ihnen nicht vorgesehen. Wer also mit diesen Methoden seinen Hund erzieht, lässt ihn zwar nicht hungern, aber man nimmt billigend in Kauf, dass der Hund nicht artgerecht ernährt wird und evtl. körperlichen Schaden davon trägt. Abgesehen davon erzieht man ihn zu einer extremen Abhängigkeit an seinen Menschen, da er nur dann etwas zu fressen bekommt, wenn er die Wünsche seines Herrn und Meisters erfüllt. Verbunden damit ist sehr häufig eine extreme Ressourcenverteidigung (Mensch mit Futterdummy in der Tasche) und Futteraggression. Wir erzeugen hier also unter Umständen ein schweres, problematisches Fehlverhalten.

Isolation erfahren sehr viele Hunde, die in Zwingern gehalten, und – wenn sie Glück haben – nur für den „Sport" daraus befreit werden. Für die kurze, kostbare Zeit der Freiheit sind sie in der Regel so dankbar, dass sie wie die Kletten an ihrem Menschen kleben und alles tun, um seine Wünsche zu erfüllen. Selbst das unerfreulichste Training in der Nähe des Menschen ist immer noch besser, als allein im Zwinger zu sitzen. Zwingerhaltung wird heute von vielen Hundebesitzern und Trainern abgelehnt. Aber lesen Sie bitte Ratschläge von Profis und Laien, die sich alle als Hundefreunde outen, z.B. zum Training des Alleinebleibens, einmal aufmerksam durch: sehr häufig finden Sie den Tipp, den Hund an eine Box zu gewöhnen, in der er sich aufhalten kann – oder muss –, wenn sein Mensch außer Haus ist. Diese Box hat den großen Vorteil, dass sie nicht „Zwinger" heißt, und dass niemand mitbekommt, wie lange Bello darin sein Dasein fristet. Boxen sind eine wunderbare Sache, wenn Sie Ihren Freund z.B. beim Autofahren darin absichern oder er sie als Höhle für seinen freiwilligen (!)

Rückzug kennt. Ihn darin stundenlang einzusperren, um einen Kinobesuch ohne Knabberfolgen an den Möbeln zu gewährleisten, ist schlicht und ergreifend Tierquälerei.

Ähnlich einzustufen ist der Zwang, einen Hund auf einem bestimmten Platz im Haus zu fixieren, z.B. auf seiner Decke oder im Körbchen, manchmal wird noch angeraten, ihn mittels Leine am Weggehen zu hindern. Abgesehen davon, dass es in Deutschland verboten ist, einen Hund über einen längeren Zeitraum hinweg angebunden zu fixieren, ist auch das wieder eine hervorragende Methode, den Hund einerseits in extreme Abhängigkeit von seinem Menschen zu bringen, andererseits ist es für ein Lebewesen, das dazu geschaffen ist, täglich viele Kilometer zu laufen, keine artgerechte Haltung. Das Problem bei diesen Varianten der Isolation ist, dass sie für uns Menschen so ungeheuer praktisch sind. Wir müssen uns nicht mit Bello befassen, er sitzt in seinem Zwinger oder seiner Box, oder ist an seinem Platz mittels Kommando oder Leine fixiert und alle Verantwortung ist von uns genommen – oder?

Was aber bedeutet es beispielsweise, einen Hund mittels Kommando „geh auf die Decke" stundenlang auf einem bestimmten Platz zu fixieren? Es sollte jedem einsichtig sein, dass kein Hund das freiwillig macht. Er wird vielleicht lernen, sich auf dieses Kommando hin auf seine Decke zu begeben, auch dass er dort liegt und nicht sitzt oder steht, kann man ihm noch auf nette Art beibringen. Aber dass er auch nur minutenlang, geschweige denn über Stunden dort liegt, wird mit Sicherheit nicht mit freundlichen Methoden machbar sein. Dass er sich in einer solchen Zwangssituation entspannt, kann niemand ernsthaft glauben. Ein selbstbewusster Hund wird irgendwann aufstehen und sagen: jetzt ist es genug. Womit er eigentlich recht hat. Wenn jemand aber solche Vorstellungen der Hundeaufbewahrung hat, dann wird er dies nicht dulden. Jetzt kommen in der Regel die kurze Leine, das Fixieren oder Schlimmeres zum Einsatz.

Verbale Attacken sind ebenfalls eine Möglichkeit, Hunde an etwas zu hindern, bzw. sie zu beeinflussen. Der Umgangston, den wir mit ihnen pflegen, ist für sie enorm wichtig, da sie weniger interessiert, **was** wir sagen, als vielmehr, **wie** wir es sagen. Ebenso können Hunde gut unterscheiden, ob wir freundlich und normal mit ihnen sprechen, oder eher abfällig, sie also verbal herabsetzen und damit demütigen. Hier macht im wahrsten Sinne des Wortes der Ton die Musik. Wer also seinen Hund bevorzugt anschreit, die Kommandos in barschem Ton gibt, um Gehorsam zu erreichen, lebt offenbar gut mit der Vorstellung, dass Kadavergehorsam ausreichend ist. Tatsächlich ist ein unfreundlicher Umgangston für Hunde aber auch eine permanente Bedrohung: was kommt als nächstes? Besonders sensible Hunde leiden darunter. Hunde, die eher hart im Nehmen sind und sich – nach außen – nicht viel daraus machen, müssen allerdings befürchten, dass die Gewaltspirale richtig losgetreten wird, sobald sie sich nicht fügen.

Extreme körperliche Belastung im Sinne von Zwangsarbeit, wie wir es unter Menschen kennen (z.B. Arbeit von KZ-Häftlingen und Kriegsgefangenen), kennen wir so nicht bei Hunden. Allerdings werden von Hunden oft körperliche Einsätze gefordert, die sie an den Rand ihrer psychischen und physischen Belastbarkeit bringen. Das Training zum Schutzdienst (VPG) gehört dazu. Mit großem Aufwand und viel Lärm wird der Hund in eine extrem stressbeladene Situation gebracht. Der Erfolg, den er dabei erzielen kann, heißt: beiß in den Ärmel, der dir angeboten wird. Mit Spiel- oder Beutetrieb hat das ganz sicher nichts zu tun. Die Hunde sind nach solchen Trainings, die in der Regel nur wenige Minuten dauern, körperlich extrem erschöpft. Was es für ihre Seele bedeutet, den Sozialpartner Mensch auf Kommando zu beißen, können wir nur ansatzweise erahnen.

Setzt heute noch jemand seinen Hund allen Witterungen aus? Wer glaubt das? Wenn man anständig mit seinem vierbeinigen Freund umgeht, wird man das nicht tun. Aber beobachten Sie bitte einmal, wie das auf vielen Hundeplätzen, egal ob im Verein oder in der Hundeschule, gehandhabt wird. Da dürfen die Hunde z.B. nicht mit ins Vereinsheim, also bleiben sie draußen. Und wenn ein Regenschauer kommt, dann flüchten sich die Menschen hinein, während der beste Freund des Menschen draußen im Regen steht. Auch das ist eine sehr demütigende Behandlung für Hunde, weil hier vollkommen klar ist, dass er bestenfalls den Stellenwert eines Gegenstandes hat, den man ruhig draußen nass werden lassen kann.

Bei den sog. Schutzhundesportarten, neudeutsch „Vielseitigkeitsprüfung für Gebrauchshunde", ist es sogar Bestandteil des Trainings, dass der Hund mit einem sog. Softstock geschlagen wird. Die Anzahl der Schläge während einer Prüfung ist vorgeschrieben, wie stark zugeschlagen wird, kann niemand überprüfen. Sowie der Hund ablässt, also seine Aufgabe nicht erfüllt, fällt er bei diesem Teil durch, bzw. bekommt eine schlechte Bewertung. Damit er das nicht tut, wird er mit schlimmeren Methoden traktiert, denn die Schläge sind dann immer noch das kleinere Übel. Dass Menschen ihre Hunde treten / schlagen – oder Trainer die Hunde ihrer Kunden – kommt leider auch im Alltag vor. Eine besonders perfide Art, seinen Hund zu treten, läuft so ab: Der neben seinem Menschen laufende, vollkommen ahnungslose Hund bekommt mit dem Fuß von hinten einen Tritt, so dass er – angeblich – nicht zuordnen kann, woher der Tritt kommt. Da muss man sich schon fragen, für wie blöd manche Leute Hunde halten. Glauben Sie ernsthaft, er kann sich nicht denken, wer ihn da gerade so liebevoll behandelt hat? Sogar mal kurz mit der Leine dazwischen schlagen sieht man bei Menschen, die ernsthaft bemüht sind, ihre Hunde anständig zu behandeln. Gar nicht so selten ernte ich beim Training großes Staunen, wenn nicht mal ein kleiner Hieb erlaubt ist.

Dass Hunden über Verbrennungen Wunden zugefügt werden, ist bei den sog. Kampfhunden sehr wohl üblich. Damit meine ich nicht Listenhunde, also Hunde, die auf den Länderlisten als bedingt oder unbedingt gefährlich eingestuft werden, egal ob sie es sind oder nicht, Hauptsache, sie gehören einer bestimmten Rasse an. Sondern ich meine die Hunde, die tatsächlich in Hundekämpfen nach wie vor eingesetzt und dafür trainiert werden. Das Training läuft so ab, dass die Hunde mit allen möglichen psychischen und physischen Mitteln gefoltert werden, so dass sie schließlich keine andere Möglichkeit mehr sehen, als auf Leben und Tod mit einem anderen Hund zu kämpfen. Diese Art des Hunde"sports" ist in Deutschland verboten, wird aber nach wie vor durchgeführt.

Was allerdings in Deutschland, wie die Stromreizgeräte, verboten ist, sind verschiedene Gerätschaften, die dem Hund Schmerzen zufügen, wie Kettenwürger, Stachelhalsband und Erziehungsgeschirre. Gem. § 3 Nr. 1b TierSchG ist es verboten an einem Tier im Training Maßnahmen, die mit erheblichen Schmerzen, Leiden oder Schäden verbunden sind und die Leistungsfähigkeit beeinflussen können, anzuwenden.

Der Kettenwürger, manchmal auch „Gesundheitswürger" genannt, wird dem Hund möglichst direkt unter den Ohren so eng angelegt, dass definitiv jede Aktion an der daran befestigten Leine am Hals bemerkt wird. Allein die Art des Anlegens an dieser Stelle, die eine der empfindlichsten Stellen am Hundekörper ist, stellt einen schlimmen Akt von Tierquälerei dar. Die bewusste Manipulation daran, z.B. ein Leinenruck, ist eine ganz klare Form von Folter, da der Hund ja nicht nur gewürgt wird, sondern auch gleichzeitig körperliche Schäden, wie Quetschung des Kehlkopfes, der Luft- und Speiseröhre, Beschädigungen der durchgehenden Nervenbahnen, der Halswirbelsäule sowie alle anderen Folgen eines Leinenrucks in Kauf genommen, evtl. sogar erwünscht sind. Ein Hund, der entsprechende Erfahrungen gemacht hat, wird alles tun, um diesen schmerzhaften Ruck zu vermeiden. Hier möchte ich nochmal an die beschönigende Bezeichnung „Ampelfunktion am Hals des Hundes" hinweisen. Dass die effektivste Positionierung im roten Bereich festgestellt wurde, kommt ja nicht von ungefähr. Wer damit arbeitet, arbeitet bewusst mit der gesundheitlichen Schädigung eines Hundes.

Der Stachelwürger hat nicht nur die oben beschriebenen Eigenschaften des Kettenwürgers, darüber hinaus bohren sich auch noch Stacheln in den Hals. Besonders freundliche Menschen spitzen diese an. Nur dem Fell der Hunde ist es zu verdanken, dass wir die Hämatome und Wunden nicht sehen können, die unweigerlich die Folge einer derartigen Behandlung sind. Was es für die Psyche eines Hunde bedeutet, von seinem „besten Freund" so behandelt zu werden, steht auf einem ganz anderen Blatt. Auf dem Werbeblatt eines Großhändlers habe ich über hübsch kaschierten Stachelwürgern, die teilweise mit Steckschlössern für den Anschluss von Stromreizgeräten versehen waren, gelesen: „Lieber Kunde, ein Stachelhalsband ist keine Strafe für den Hund – man benutzt es, um mit dem Hund zu kommunizieren". Es ist wohl wahr, dass der Ruck am Stachelwürger eine Form der Kommunikation ist. Nur bei Hunden sollte wohl alles erlaubt sein?

Sogenannte Erziehungsgeschirre haben zwei Riemen, die unter den Achseln des Hundes durchlaufen. Dadurch verursacht ihm jede Bewegung nach vorne Schmerzen und man hofft, dass er dadurch zu einer besseren Leinenführigkeit erzogen wird. Bei einem Hund mit sehr dickem Fell muss man allerdings gewaltig darauf einwirken, bei einem Hund mit sehr dünnem Fell wie z.B. Dalmatiner oder Boxer kann man schon mit Abschürfungen und Quetschungen rechnen.

Ein im Vergleich mit Stachelwürgern oder Stromreizgeräten fast harmloses Hilfsmittel ist das Halti, bzw. Kopfhalfter. Wenn ein Halti richtig angewendet wird, führt man den Hund über die Leine, die am Brustgeschirr fixiert ist, am Halti ist ebenfalls eine Leine fixiert, die aber nur zum Einsatz kommt, wenn der Hund in die „falsche" Richtung läuft und zieht.

Automatisch wendet er dann den Kopf zum Halter. Der Grundgedanke ist vielleicht freundlich, aber die Realität sieht anders aus. Sehr häufig sieht man Hunde, die ausschließlich über das Halti geführt werden, damit wird ihr Kopf permanent in eine bestimmte Richtung gezwungen. Das ergibt häufig Schiefhaltungen der Halswirbelsäule und damit ernsthafte Schäden. Einige Trainer sind der Meinung, als erstes muß man den Hund am Kopfhalfter ordentlich zu Boden ziehen, damit er merkt, wo's lang geht. Wie stark der Zug ist, ist von der Sensibilität des Hundes abhängig. Wer solche Dinge von sich gibt, dem ist es eigentlich egal, ob Hunde etwas fühlen oder nicht. Dem geht es nur darum, dass der Hund wie eine Maschine ausführt, was er als großartiger Mensch möchte. Zudem wird hier rein mechanisch auf den Hund eingewirkt, warum, wieso, weshalb er zieht, interessiert nicht mal am Rande. Ein Trainer, der seine Sache versteht, benötigt kein Halti, weil er nach der Ursache für das Ziehen sucht und diese abstellt.

Souveränes Führen sieht anders aus und geht auch besser ohne Kettenhalsband und Halti

Vergewaltigt im Sinne einer sexuellen Vergewaltigung werden Hunde zum Training nicht. Allerdings sollte man sich gut überlegen, inwiefern dieser Begriff bei einem Training angewendet werden kann, bei dem es bei jeder Gelegenheit heißt: da muss er jetzt durch. Wenn ein Hund etwas nicht möchte, dann hat er schon seine Gründe dafür. Und wenn der Grund nur heißt: es hat ihm keiner gezeigt, wie es richtig geht. Jeder Zwang ist deshalb kontraproduktiv und die zwanghafte Durchsetzung kann durchaus mit einer Vergewaltigung gleichgesetzt werden.

Wer seinen Hund immer wieder an der Kehle würgt, evtl. mit einem Stachelwürger, bedroht ihn mit dem Tod. Denn das Bohren von spitzen Stacheln in den Hals bei gleichzeitigem Würgen kann tatsächlich zum Tod führen und erzeugt sehr wohl das Gefühl, dass jetzt gleich das letzte Stündlein geschlagen hat. Ein Hund, der so behandelt wird, befindet sich also definitiv in einem permanenten Zustand der Lebensbedrohung.

Ein Hund, der über einen längeren Zeitraum daran gehindert wird, sich frei zu bewegen, der also z.B. über Stunden an einer kurzen Leine oder in einer Box fixiert wird, wird gefoltert. Jedem Menschen, der seinen Hund im Auto in einer Box oder über den Sicherheitsgurt absichert, ist – hoffentlich – klar, dass er ihm bei längeren Fahrten in regelmäßigen und nicht zu langen Abständen Bewegung verschaffen muss. Das tun wir schon in unserem eigenen Interesse oder finden es positiv, dass wir dadurch gezwungen sind, uns auf langen Fahrten zu bewegen. Auch die Auswahl der Box spielt eine wichtige Rolle. In der Box muss der Hund sitzen, stehen und liegen können, ohne sich dabei verkrümmen zu müssen. Er muss die Möglichkeit haben, hinaus zu sehen, sich zu strecken und bei längeren Aufenthalten, wie z.B. Reisen, muss er auch frisches Wasser und genügend frische Luft zur Verfügung haben.

Es ist in Deutschland verboten, Stromreizgeräte an Hunden einzusetzen. Vom Bundesverwaltungsgericht Leipzig wurde dies bestätigt. Vorfälle, die zur Anzeige gebracht werden, müssen aufgenommen und verfolgt werden. Verkauft dürfen die Geräte allerdings werden und es gibt so gut wie nie Anzeigen bei Verwendung. Der Einsatz von sog. „Elektroimpuls-Waffen" ist weltweit geächtet, in vielen Ländern sind diese Waffen auch verboten. Es ist gesichert, dass diese Waffen, die man mit den Stromreizgeräten durchaus vergleichen kann, folgende Wirkungen hervorrufen bzw. hervorrufen können:

- extreme, quälende, akute Schmerzen (gesichert)
- Brandverletzungen
- Lähmungen von Sekunden– bis Minutendauer
- Sturzverletzungen als Folge, bzw. das Ausschalten von Schutzreflexen bei Sturzverletzungen vergleichbar mit den Folgen bei epileptischen Anfällen
- Hyperventilation als Folge der Schmerzen und des extremen Stresses
- Übersäuerung des Blutes (nachgewiesen bei Tierversuchen) und daraus folgende Wirkungen.

Mit diesen Spätfolgen muss man rechnen:

- unspezifische Angstzustände
- Angstzustände in sich anbahnenden, ähnlichen Situationen (klassische Konditionierung)
- Herz-Kreislauf-Probleme.

Die Effekte hängen auch von diesen Faktoren ab:

- Haben die Elektroden Körperkontakt?
- Wie ist der Zustand der Hautoberfläche, bzw. des Fells? Wie trocken oder nass ist die Haut, bzw. das Fell?

In der Regel werden Stromreizgeräte an der Halsunterseite befestigt, der Stromstoß erfolgt also bewusst an einer ungeschützten Körperpartie. Als Verstärkung werden die Geräte noch an den Nieren oder besonders bei Rüden an den Geschlechtsorganen (Hoden) angebracht. Bei nasskaltem Wetter, bzw. wenn das Fell / die Haut vorher angefeuchtet wurden, wird der Reiz besonders intensiv weitergeleitet. Der Hund hat in der Regel, wie bei allen dieser Maßnahmen, keine Möglichkeit zu erkennen, wann und warum dieser Schmerz erfolgt. Er lernt nur, wie eine Maschine auf alle Anweisungen zu reagieren, um dieser Tortur zu entgehen. Die Geräte haben eine Skala, bei der Stromstoß reguliert werden kann. Diese Art des „Trainings" als Telefonat zu bezeichnen, ist mehr als zynisch und zeigt einmal mehr, wes Geistes Kind die Anwender sind.

Bereits Ende der 1990er Jahre wurde im Auftrag des VDH ein ethologisches Gutachten von Dr. Dorit Feddersen-Petersen zur Verwendung von Elektroreizgeräten bei der Ausbildung von Hunden erstellt. Diesem Gutachten wurde ein ethisches Gutachten von Prof. Dr. Gotthard M. Teutsch vorangestellt, das ausführlich darstellt, dass allein schon aus ethischen Gründen die Verwendung dieser Geräte abzulehnen ist. Frau Dr. Feddersen-Petersen, die sich in diesem Gutachten vom Einsatz des Teletaktgerätes distanziert, belegt u.a., dass die Wirksamkeit dieser Geräte nur gegeben ist, wenn sie im Dauereinsatz sind. Das wissen die Anwender genau, denn es gibt Kästchen, die wie ein Teletaktgerät aussehen, aber nur eine Attrappe darstellen. Hunde, die mit Strom erzogen wurden, haben oft lebenslang so eine Attrappe am Hals, damit sie nicht auf die Idee kommen, sie könnten sich von diesen Zwängen befreien. Damit auch immer wieder klar ist, was Sache ist, kommt von Zeit zu Zeit wieder ein „echtes" zum Einsatz. Das ist Psychoterror und Folter der schlimmsten Art.

Wer solche Mittel einsetzt, möchte den Willen des anderen brechen und nur seinen Willen durchsetzen. Es ist ihm dabei vollkommen egal, welche Bedürfnisse der andere hat. Dabei spielt es keine Rolle, ob es sich um Menschen oder Tiere handelt, mit denen man so umgeht. Mittlerweile ist es erwiesen, dass praktizierte Tierquälerei die beste Voraussetzung ist, die Hemmung, Menschen zu quälen, zu überwinden. Diese Methoden sagen also sehr viel mehr über den geistigen und moralischen Zustand der Anwender als über den ihrer bedauernswerten Opfer aus.

Es macht weder Spaß, sich mit diesem Thema zu befassen und solche Dinge zu lesen, noch darüber zu schreiben. Aber es hat keinen Sinn wegzusehen und so zu tun, als gäbe es das alles nicht. Diese Methoden stammen auch nicht aus dem Mittelalter, auch wenn Menschen zu allen Zeiten gefoltert haben. Der Einsatz von Folter wurde nur immer mehr verfeinert und verbessert, wenn man das positiv darstellen möchte. Der menschliche Erfindungsgeist kennt wohl auch hier keine Grenzen. Dass wir uns das Recht nehmen, so mit Tieren umzugehen, war nicht immer und nicht in allen Kulturkreisen so. Es ist unter anderem ein – ziemlich fragwürdiges – Erbe der Aufklärung, Tiere als bessere Maschinen aufzufassen, die weit unter dem Menschen stehen und deshalb auch entsprechend behandelt werden dürfen. Man weiß heute aber, dass der Mensch weder genetisch noch psychisch so weit von der Tierwelt entfernt ist, wie wir immer gehofft hatten. Wir sind nur ein Teil dieser Welt, und weder uns noch irgendeinem anderen Lebewesen steht es zu, andere zu foltern und ihnen unseren Willen aufzuzwingen. Wenn eine Tätigkeit nur unter Androhung von Folter durchgeführt werden kann, dann sollte man über die Sinnhaftigkeit dieser Tätigkeit nachdenken, und nicht die Foltermethoden verfeinern. Mit Erziehung hat das nicht mal am Rande etwas zu tun.

12. An lockerer Leine

Und wie geht das jetzt, dass ein Hund an lockerer Leine läuft? Das wollen wir uns im Folgenden ein bisschen genauer ansehen.

Für Welpen gelten eigene Regeln, deshalb wurde das auch in einem eigenen Kapitel besprochen. Allerdings können Sie die meisten der folgenden Trainingsvorschläge auch bei Welpen anwenden. Wichtig ist bei allem, dass Bello weder körperlich noch seelisch bedrängt, nicht gedemütigt oder in seiner Würde verletzt wird. Wir sind verantwortlich dafür, dass er alles entspannt lernen kann, dass wir ihm genau und gründlich ohne jede Einwirkung von Druck und Gewalt erklären, was wir von ihm wollen und nichts Unzumutbares von ihm fordern. Und das ist gar nicht so schwierig.

Einige Techniken wurden schon angesprochen, sollen hier aber wiederholt werden. Alles, was Ihnen hier empfohlen wird, können Sie einfach ausprobieren. Es gibt verschiedene Gründe, warum etwas bei Ihnen super klappt, aber bei Ihrem Nachbarn nicht den geringsten Erfolg zeigt. Wenn Sie festgestellt haben, dass Sie die Technik richtig ausführen, aber der Erfolg trotzdem ausbleibt, dann versuchen Sie eben etwas anderes. Eine erfahrene Trainerin kann Ihnen helfen, da ein neutraler Beobachter viel schneller sieht, warum etwas klappt oder eben nicht.

In allen Fällen empfiehlt es sich, den Hund für richtiges Verhalten zu loben, Ausnahmen gibt es nur bei Hunden, die auf ein Lob sofort zu Ihnen kommen und nachfragen, was sie jetzt tun sollen. Bauen Sie für diesen Hund ein Bestätigungsgeräusch (click, jepp ...) auf, damit Sie ihm sagen können, dass er es richtig macht. Auf jeden Fall soll das Lob ruhig und freundlich sein und den Hund nicht im Weitergehen stören.

Leinenlänge

Für Gänge in der Stadt empfehle ich Ihnen eine 3-Meter-Leine, für andere eine 5-Meter-Leine. Zu Beginn kann es auch sinnvoll sein, eine sehr viel längere Leine zu verwenden, die Sie ganz allmählich kürzen. Sie werden im Folgenden lesen, warum das sinnvoll und notwendig ist.

Brustgeschirr

Ideal sind T- oder Kreuzgeschirre, die weit genug von den Achseln entfernt sind, damit die Gurte nicht scheuern. Das Material sollte weich und anschmiegsam und die Gurte breit genug sein. Das Geschirr passt gut, wenn im Sitzen der Ring, der Hals- und Brustgurt verbindet, sich auf Höhe der Kuhle befindet, die das Brustbein um den Hals abschließt. Achten Sie beim Anziehen bitte darauf, dass Sie den Halsgurt vorsichtig über den Kopf ziehen, viele Hunde mögen das Gefühl am Kopf nicht so gerne und lehnen das Geschirr dann ab. Es sollte gut sitzen und nicht hin und her schlackern, die Gurte müssen alle gut vernäht sein. Die Leine wird am hinteren Ring befestigt, nicht am Ring, der Hals- und Rückengurt verbindet.

Nicht geeignet sind alle Geschirre, deren Gurt um den Hals und über die Schultern führt, wie z.B. bei Norwegergeschirren. Die Gurte drücken evtl. auf die Schultern und behindern die Hunde beim Laufen. Ebenso sind Geschirre mit Satteln nicht gut für Hunde. Der Sattel liegt im Nierenbereich auf und oft genug wird es unter dem Sattel auch sehr warm und damit unangenehm für den Hund. Von unerträglichen Sprüchen wie „Ich zicke gerne rum" und ähnlichen Dummheiten, die Menschen lustig finden, sollte man sowieso absehen. Niemand möchte einfach so eine Abqualifizierung auf den Rücken bekommen, auf die er nicht den geringsten Einfluss hat.

Langsam gehen

In den allermeisten Fällen laufen die Menschen zu schnell. Aus welchem Grund auch immer denken Menschen, sie müssen durch die Welt stürmen, sowie sie eine Hundeleine in der Hand haben. Wenn Sie auch zu dieser Spezies der Rennspazierer gehören, dann schalten Sie ab sofort so viele Gänge zurück, dass aus einem Spazierrennen ein Spaziergang wird. Ihr Hund hat vermutlich gelernt, dass er ganz schnell mit strammer Leine überall hindrängeln muss, wo er dringend, dringend schnüffeln oder pinkeln muss. Das werden Sie ihm nicht von heute auf morgen abgewöhnen. Lassen Sie sich deshalb nicht irritieren, gehen Sie langsam und wenden Sie alle – freundlichen – Tricks an, um ihn von ihrer neuen Gangart zu überzeugen. In der Regel finden die Hunde diese Idee großartig.

Hund bleibt stehen weil ...

... er vielleicht ein wenig schnüffeln oder Pipi machen möchte und Sie gehen langsam, also mit deutlich verzögerter Geschwindigkeit an ihm vorbei. Dazu muss, siehe oben, die Leine lang genug sein. Damit kein Druck entsteht, sondern er sicher sein kann, dass er jede Zeit der Welt dazu hat, werden Sie langsamer, gehen vorbei, stehen in lockerer Leinenlänge mit dem Gesicht zu ihm und warten, bis er fertig ist. Dann gehen Sie gemeinsam weiter. Der Erfolg zeigt sich in der Regel sehr schnell. Da Sie ihn unter Umständen bisher immer weitergezerrt haben, weil Sie häufig schlicht übersehen haben, dass er jetzt gerade mal was untersuchen muss, wird er von dieser Neuerung sehr entzückt sein. Zudem zeigen Sie ihm, wenn Sie sich ihm zuwenden, dass Sie ganz bewusst an seiner Schnüffelaktion teilnehmen – selbst wenn Sie nichts riechen.

Da Sie ihm zusehen, nehmen Sie automatisch Blickkontakt mit ihm auf, wenn er fertig ist und aufsieht, und die Leine ist zumindest für die ersten zehn Meter locker, da er ja erst auf Ihre Höhe kommen muss. Im Grunde ist das einfach eine höfliche Art, mit einem anderen Lebewesen spazieren zu gehen. Bei einem Gang durch die Stadt bleiben Sie ja auch stehen, wenn Ihr Partner oder Ihre Freundin ein Schaufenster ansehen möchte. Und da Hunde sehr höfliche Tiere sind, nehmen sie diese Angebote dankbar an.

Stehenbleiben – Pause

Wenn Bello zieht, sofort stehenbleiben, das hört man oft und in manchen Fällen hilft es auch. Wenn das funktionieren soll, müssen Sie so lange warten, bis er die Leine lockert und zu Ihnen zurück kommt. Sie selber halten die Leine straff. Sobald nur die minimalste Lockerung oder auch nur eine winzige Kontaktaufnahme mit Ihnen erfolgt, wenn er sich z.B. ganz kurz umdreht, loben Sie ihn und warten, was er als nächstes macht. Meistens dauert es nicht lange, und Bello kommt zu Ihnen. Sie nehmen die Leine kürzer, bereits während er zu Ihnen kommt und loben ihn ausführlich. Wenn Sie dazu eine kleine Bewegung rückwärts machen, beschleunigen Sie ihn.

Bei Ihnen angekommen, bekommt er ein Leckerchen und Sie sagen ihm, dass er ein wunderbarer Hund ist und alles richtig gemacht hat. Er soll sich in Ihrer unmittelbaren Nähe so richtig wohl fühlen. Das können Sie gerne mit ein paar Leckerchen unterstützen.

Die Leine nehmen Sie deshalb kürzer, damit er nicht sofort wieder nach vorne stürmt. Sie muss so lang sein, dass sie locker durchhängt, und lang genug, dass er eine geraume Zeit locker bleibt, sobald Sie mit ihm weitergehen.

Problematisch kann es werden, wenn Sie ein ungeduldiger Mensch sind und irgendwann sagen: das ist mir zu blöd, ich gehe jetzt weiter – obwohl er sich noch nicht beruhigt hat. Bleiben Sie ruhig, atmen Sie tief durch, denken Sie an Ihren Traum vom entspannten Spaziergang – und wenn Sie sich Fiffi zuwenden, steht er vielleicht tiefenentspannt neben Ihnen und wedelt Sie freundlich an. Versuchen Sie's doch einfach.

Wir gehen weiter

Wenn er sich beruhigt hat, also einigermaßen entspannt bei Ihnen bleibt, sprechen Sie ihn freundlich an und sagen in etwa: „wollen wir gemütlich weitergehen?". Ein noch ungeübter Hund kann jetzt auf die Idee kommen, in dem Moment nach vorne zu stürmen, wenn Sie auch nur andeuten, dass es vorwärts geht. Bleiben Sie sofort wieder stehen und wiederholen Sie das Ganze, bis er verstanden hat, dass es auch langsam geht.

Unterstützen können Sie das, indem Sie ihm im Moment des Losgehens ein feines Leckerchen vor die Nase halten. Es sollte klein und weich sein, so dass er es gut abschlucken kann und nicht lange drauf herumkauen muss. Der Sinn: er wird ein wenig langsamer, bremst sich selber ab und dafür können Sie ihn loben. Wenn er daraufhin ein Stück locker neben Ihnen läuft, sollten Sie auch das loben und belohnen.

Die Ankündigung

Manchmal bewährt es sich, dem Hund zu sagen, dass die Leine jetzt gleich straff wird, vor allem, wenn die straffe Leine mit dem Stehenbleiben verbunden wird. Was Sie sagen, ist nicht so wichtig, wichtig ist nur, dass Sie immer das gleiche sagen. Warnworte wie „Achtung" verwende ich nicht, da sie mir zu sehr ins Fehler- und Korrekturdenken tendieren. Wir denken an einen Hund, der „langsam" geht, deshalb hat sich das Wort „laaangsaaam" gut bewährt. Die Doppelvokale in „laaangsaaam" sind gewollt und kein Schreibfehler. Je länger Sie die Vokale ziehen, umso ruhiger sprechen Sie das Wort aus, umso eher versteht Bello, was Sie möchten.

Idealerweise haben Sie das „laaangsaaam" vorher schon geübt. Sie können z.B. eine Leiter auf den Boden legen, zwischen den Sprossen Leckerchen verteilen und ihn die Leckerchen suchen lassen. Sie warten, bis er „laaangsaaam" und konzentriert sucht, und während er gemütlich von Leckerchen zu Leckerchen schnüffelt, sagen Sie immer wieder ganz ruhig und leise „laaangsaaam". Auch wenn Sie beim Gehen langsamer werden, kommentieren Sie das immer mit „laaangsaaam". Es dauert ein bisschen, aber in der Regel verstehen die Hunde sehr schnell, was man meint.

Ausbremsen

Besonders bei jungen und sehr aufgeregten Hunden kann es sinnvoll sein, sie manchmal ein wenig auszubremsen. Das muss natürlich freundlich passieren. Diese Hunde stürmen nach einer kurzen Schnüffelpause in rasantem Tempo weiter, weil es ja noch so schrecklich viel zu erledigen gibt. Natürlich machen Sie alle weiter vorne beschriebenen Aktionen, aber trotzdem ist Ihr Liebling so aufgedreht, dass er das nicht so richtig auf die Reihe bekommt. Da hilft es manchmal, den Süßen ein wenig auszubremsen.

Sie nehmen ein ganz besonders gutes Leckerchen, das er nur selten bekommt. Bewährt haben sich kleine Würstchen oder Käsestückchen. Am besten nehmen Sie gleich ein paar in die Hand. In dem Moment, in dem er an Ihnen vorbeisausen möchte, halten Sie ihm ruhig die Hand mit dem Leckerchen vor oder Sie werfen es sichtbar auf den Boden. Da Sie ja einige Meter von ihm entfernt sind, sieht er Ihre Aktion und erschrickt nicht, sondern wird neugierig. Er riecht auch die verlockenden Leckerchen und nimmt sie. Währenddessen gehen Sie langsam weiter und geben ihm immer wieder ein kleines Stückchen.

Der Effekt ist, dass er lernt, auch wenn er ruhig neben Ihnen herläuft, ist das sehr nett und angenehm und es schmeckt auch noch gut. Sie erzählen ihm außerdem, dass er ein wunderbarer Hund und Ihr allerbester Freund ist – was ja auch stimmt, oder? Nach vier bis fünf Leckerchen machen Sie Pause mit dem Füttern, aber Sie machen ihm weiterhin nette Komplimente. Nach einigen Meter langsamen Weitergehens verstummen Sie und sehen ihn nur noch freundlich an.

Wenn von Ihnen nichts mehr kommt, wird er sich von Ihnen fort und zu den interessanten Düften der Umgebung hinbewegen. Durch die ruhige Ausbremsaktion erfolgt das aber in einem ganz anderen Tempo wie vorher. Diese Übung müssen Sie bei sehr temperamentvollen Hunden, die an ihrer Umgebung regen Anteil nehmen, sehr häufig wiederholen, manchmal mehrfach pro Spaziergang. Das wirklich Gute daran ist, dass die Hunde in Folge sehr viel aufmerksamer werden. Denn das ist doch eine feine Sache, wenn man mit Leckereien gefüttert und auch noch sehr, sehr gelobt wird für die ganze einfache Übung: ich gehe in gemäßigtem Tempo neben meinem Menschen. Für Sie zeigt sich der Erfolg ebenfalls sofort, da dies sehr innige und freundliche Momente sind. Sie fühlen sich im Einklang mit Ihrer Pelznase und genau das wollen Sie doch erreichen.

Das Umlenkgeräusch
Das Umlenkgeräusch ist eine nützliche Methode, die man für eine gute Leinenführigkeit einsetzen kann. Wenn es wirklich gut funktionieren soll, müssen Sie es über einige Wochen hinweg langsam und sehr lange ohne und dann mit langsam ansteigender Ablenkung einüben. Der Grundgedanke ist sehr einfach. Auf ein neutrales Geräusch, z.B. ein Zungenschnalzen oder einen leisen Pfiff, lernt Ihr Bello Ihnen nachzufolgen. Sie können es für Richtungswechsel, für zügiges Umdrehen, zum Herankommen auf kurze Entfernungen und eben auch zum Aufbau der Leinenführigkeit verwenden.

Nehmen Sie mehrere Leckerchen in die Hand. Wenn Fiffi bei Ihnen steht, fangen Sie an. Machen Sie Ihr Geräusch und geben Sie ihm im gleichen Moment mit einen freundlichen Lob ein Leckerchen. Das wiederholen Sie, bis die Leckerchen aufgebraucht sind. Nach einer Pause von einigen Minuten wiederholen Sie das Ganze. Wer jetzt an den Aufbau eines Clickers denkt, liegt genau richtig. Nur verwenden wir das Geräusch nicht als Bestätigung sondern als eine Art „wortlose" Anweisung, nachzufolgen und mitzukommen. Die Bestätigung erfolgt in Form von Lob und Futterbelohnung.

Nach einigen Tagen fangen Sie an, nach dem Schnalzen ein paar Schritte rückwärts zu gehen, wenn Bello bei Ihnen ist, bleiben Sie stehen, loben ihn und geben ihm seine Belohnung. Das üben Sie wieder einige Tage, dann bauen Sie Richtungswechsel ein, z.B. biegen Sie nach links oder rechts ab. Jeder Richtungswechsel wird mit dem Geräusch „kommentiert". Ein wichtiger Richtungswechsel ist: Sie drehen sich um und gehen wieder vorwärts. Schließlich wollen Sie nicht lebenslang rückwärts laufen, oder?

Wenn Sie so weit sind, dann bauen Sie das Geräusch allmählich in einfachen Situationen beim täglichen Spaziergang ein. Achten Sie bitte darauf, dass es noch nicht im Ernstfall passiert. Denn die Wirkung ist am besten, wenn Sie dieses Geräusch aufbauen, als würden Sie einen Speicher füllen. Wenn Sie das Geräusch im Ernstfall anwenden, wird es für den Hund schwierig und Sie entnehmen dem Speicher ein wenig. Ihr Bello hat gelernt, dass es einfach nur super ist, wenn dieses Geräusch ertönt, er wendet Ihnen sofort seine ganze Aufmerksamkeit zu und ist sofort gut gelaunt. Dadurch können Sie ihn vom Ziehen an der Leine abbringen, auch wenn stressige Hundebegegnungen z.B. mit tobenden Hunden hinterm Zaun anstehen, können Sie ihn zu sich holen und so aus der Gefahrenzone bringen. Aber es ist deutlich komplizierter für ihn und er braucht viel Vertrauen und Übung, damit er das in so komplizierten Momenten auch machen kann. Also müssen Sie anschließend wieder ohne (!) Stress den Speicher auffüllen

Wenn ein Hund auf dieses Geräusch reagiert, wird er immer, immer, immer mit Futter belohnt. Und zwar – auch auf die Gefahr hin, dass ich mich wiederhole – nicht mit dem trockenen Krümelzeugs, das er eigentlich nicht mag, das aber trotzdem täglich in seinem Napf liegt und das er nur frisst, weil er sonst nichts bekommt. Auch wenn Ihr Fiffi ein Allesfresser ist, z.B. ein Staubsaugerbeagle, gibt es genügend Gründe, ihn für besondere Aktionen auch besonders zu belohnen.

Eine kleine Gefahr birgt diese Methode, die Sie aber leicht vermeiden können. Holen Sie ihn nicht jedes Mal mit dem Geräusch zu sich, wenn er sich von Ihnen entfernt und fordern Sie auch nicht „Bei-Fuß"-Gehen ein. Sonst wird aus diesem Geräusch eine Kommando: gehe bei Fuß und entferne dich auf keinen Fall von mir. Das hat mit Leinenführigkeit aber nichts zu tun.

Spazieren gehen mit Freunden

Ein Spaziergang mit einer netten Gruppe Menschen und Hunden ist eine feine Sache. Aber auch das muss geübt werden. Bitte gehen Sie nicht sofort in einer riesigen Gruppe, in der viele Menschen und Hunde mitlaufen. Die einen gehen weiter vorne, andere trödeln hinterher, dann bleiben welche stehen, das ist für einen Hund, der das noch nicht beherrscht, eine sehr komplizierte Situation. Er will vielleicht mit allen mal Kontakt aufnehmen oder hat einen bevorzugten Kumpel, die Menschen mit ihrem pausenlosen Geschnatter bringen ihn durcheinander, Freilauf gibt es für ihn nicht, weil das zu gefährlich ist, aber einige Hunde laufen sehr wohl frei, die Leinen der anderen verheddern sich ... keine angenehme Vorstellung.

Fangen Sie an mit einem Partner, dessen Hund weiß, wie er sich an der Leine zu verhalten hat. Ihr Hund sollte auf alle Fälle das Kommando „weiter" kennen, mit dem Sie ihn zum Weitergehen animieren, wenn er versucht, den anderen anzuspielen. Das Ziel ist: wir gehen gemeinsam eine Strecke, schnüffeln zusammen, nehmen Kontakt auf, aber es wird nicht gespielt, nicht gezerrt, sondern: wir gehen in aller Ruhe gemeinsam an lockerer Leine. Wichtig ist dabei, dass die Hunde sich zu Beginn des Spaziergangs möglichst im Freilauf treffen. Und ganz wunderbar ist es natürlich, wenn sie auch unterwegs mal eine Strecke einfach so zusammen rennen und spielen können, wenn sie das möchten.

Wenn Ihr Kleiner das gut bewerkstelligt, erweitern Sie die Gruppe und nehmen noch ein Mensch-Hund-Team dazu. Und irgendwann können Sie tatsächlich mit ihm in großen Gruppen laufen.

Die Selbstkorrektur

Wenn die Leine durch den Hund straff wird, ist es immer besser, wenn er sie auch wieder locker macht. Dadurch lernt er besser und effektiver, dass er das alleine kann und von Ihren Anweisungen unabhängig ist. Meine Hündin Indiana hat mit dem Umlenkgeräusch gelernt, dass sie eine Runde um mich drehen kann. Sie läuft dann einen Moment neben mir her und sieht mich erwartungsvoll an. Natürlich wird sie dafür sehr gelobt. Am Anfang hat sie für diese Aktion eine Futterbelohnung bekommen, jetzt bekommt sie das nur noch, wenn es eine wirklich schwierige Situation war und sie das sehr gut selber hinbekommen hat. Das Lob muss allerdings **immer** kommen.

Wie Ihr Bello sich korrigiert, ist von verschiedenen Faktoren abhängig. Was liegt ihm besser, was zeigen Sie ihm am besten, ist er stark gestresst..... Beobachten Sie ihn gut und erkennen Sie seine Lösungsansätze, denn diese klappen normalerweise am besten.

Ruhig zusammen rumstehen

Eine der schwersten und wichtigsten Übungen in meinen Hundegruppen ist: wir stehen alle rum, die Hunde sind angeleint und wir machen nichts. Natürlich nicht wirklich „nichts", weil es das nicht gibt, aber es passiert eben nichts Spektakuläres. Wir Menschen unterhalten uns ein bisschen, z.B. über ein Thema, das einem der Teilnehmer auf den Nägeln brennt. Gerade, wenn junge Hunde in die Gruppe kommen, ist das eine der ersten und häufigsten Übungen, die wir machen. In jeder Gruppenstunde findet sie mindestens einmal statt. Für junge Hunde ist das unglaublich schwer, deshalb muss man versuchen, alles so entspannt und ruhig zu gestalten wie nur möglich. Wenn ein Hund versucht los zu starten, geht man bei den ersten Anzeichen sofort einige wenige, kleine Schritte zurück. Hat er gelernt, was das bedeutet, wird er sich – eventuell erst nach einigen

Sekunden – umdrehen und zu Ihnen kommen. Freuen Sie sich ein Loch in den Bauch, nehmen Sie die Leine etwas kürzer und belohnen Sie ihn fürstlich. Auf diese Weise stellen Sie fest, welche Entfernung er benötigt, um ruhig in der Nähe von anderen Hunden zu stehen und zu warten. Im Laufe mehrerer Wochen sollte es möglich sein, die Entfernung zu verkürzen. Natürlich dehnt man diese Übung nicht endlos aus, sondern löst sie auf, sobald alle Hunde ruhig sind.

Tobender Hund hinterm Zaun

Für uns alle ist eine der unangenehmsten Situationen beim Spaziergang ein tobender Hund hinterm Zaun, an dem wir vorbei müssen. Noch schlimmer sind nur mehrere tobende Hunde. In der Regel fängt der eigene Hund schon an zu knurren, zu bellen und / oder an der Leine zu ziehen, sobald das entsprechende Grundstück nur in Sichtweite kommt. Ist die Situation für ihn extrem belastend, wird er vielleicht schon unruhig, wenn es nur in die Richtung geht. Wie kann man diese Situation lösen? Manchmal kann man einfach eine andere Strecke wählen. Das sollte man auch tun, wenn man die Möglichkeit dazu hat. Aber immer ist das leider nicht möglich.

Auch hier ist wieder Ruhe und Gelassenheit angesagt. Als erstes müssen Sie sich darüber klar werden, warum sich der andere Hund so aufregt. Die Erklärung ist eigentlich ganz einfach. Jeder, der an diesem Hund vorbei geht, wird von ihm als potentieller Angreifer betrachtet. Wer sich schnell vorwärtsbewegt, z.B. mit dem Fahrrad oder weil er schnell von diesem grässlichen Gebell wegmöchte, womöglich den Hund noch anspricht, der wird mit noch martialischerem Gebrüll bedacht: du bist der Feind, ich muss dich vertreiben, hau bloß ab!

Dieser Hund hat nie gelernt, dass ihm in solchen Momenten geholfen wird. Ihm wurde nie gezeigt, dass die Vorübergehenden tatsächlich nur vorbei wollen, er ist in seiner Not ganz allein. Ihr Bello findet diesen Hund einfach schrecklich, weil er möchte ja mit Ihnen vorbei gehen, er kann keinen anderen Weg wählen, weil Sie hier gehen wollen oder müssen, und er weiß nicht, wie er dem anderen klar machen soll, dass er wirklich nicht angreifen will.

Ein schnelles Hinlaufen zu einem anderen Hund, der sich womöglich noch hinter seinem Zaun befindet, signalisiert ihm: ich greife dich jetzt an. Sollten Sie auf die Idee kommen, stehen zu bleiben und diesem Hund zu erklären, dass Sie ein Netter sind, kann das vielleicht funktionieren. Die Wahrscheinlichkeit ist aber gering, wenn Sie selber einen Hund dabei haben. Eventuell fasst er Ihre freundliche Aktion auch als besonders perfide Finte auf und rechnet mit dem Schlimmsten. Wie bekommen Sie das in den Griff?

Als erstes sollten Sie so viel wie möglich Abstand zu dem Hund hinter dem Zaun haben. Wenn Sie auf die andere Straßenseite gehen können, dann tun Sie das bitte. Falls das nicht geht, müssen Sie die folgende Übung besonders genau, langsam und gründlich durchführen.

Ihr Hund geht auf der abgewandten Seite, so dass Sie zwischen ihm und dem anderen Hund sind. Sowie Sie den anderen Hund sehen, der vielleicht schon an der Zaunecke steht und wartet, bleiben Sie stehen, am besten, noch bevor er anfängt zu bellen. Sie wenden ihm den Rücken oder die Seite zu und beobachten ihn nur aus den Augenwinkeln. Direkter Blickkontakt bedeutet ebenfalls: Angriff. Kein Blickkontakt und seitliche Stellung zum Hund bedeutet: ich greife dich nicht an und erwarte das auch nicht von dir. Rücken zum Hund bedeutet: ich erwarte von dir keinen Angriff.

Ihrem Hund erzählen Sie, dass Sie alles im Griff haben und er der wunderbarste Hund der Welt ist. Sprechen Sie mit ruhiger, leiser Stimme und loben und belohnen Sie ihn für ruhiges Hinsehen und anschließendem Blickkontakt mit Ihnen. Sie warten so lange, bis der andere Hund entweder ruhig ist oder wenigstens anders bellt. Man kann das genau hören: he, was ist denn hier los? Er wird nicht sofort verstehen, was Sie da machen. Aber er sieht, dass es anders läuft als sonst.

Sie gehen weiter und wiederholen diese Aktion sofort, wenn er wieder bellt. Weiter geht es erst, wenn er sich wieder beruhigt hat oder wenigstens Luft holt. In den Momenten, in denen er bellt, kann er nicht klar denken. Aber wenn er merkt, dass Sie und Fiffi ganz langsam und ruhig vorbei gehen, immer wieder ohne Blickkontakt und mit dem Rücken zu ihm stehen bleiben, dass Sie sich nur und ausschließlich mit Fiffi befassen, dann haben Sie gute Karten, dass er mal nachdenkt: vielleicht wollen Sie doch nicht angreifen?

Wenn Sie schließlich an dem Grundstück vorbei sind, bleiben Sie in angemessener Entfernung stehen. Die Entfernung ist dann richtig gewählt, wenn der andere Hund ruhig ist. Drehen Sie sich ruhig zu ihm hin und schauen Sie ihn entspannt an: siehst du, wir wollen nur vorbei. Ihrem Hund machen Sie klar, wie man friedlich an solchen Hunden vorbei kommt und diesem Hund helfen Sie auch ein bisschen. Wenigstens bei Ihnen und Fiffi weiß er nach mehreren Wiederholungen, dass Sie ihm nichts tun.

Es geht los! Wir brechen auf zum Spaziergang!

Für so gut wie alle Hunde ist die große Runde das Highlight des Tages. Sie freuen sich, wenn man zu Geschirr und Leine greift, Schuhe und Jacke anzieht und sich Richtung Haustür bewegt. Sehr oft führt die Begeisterung dazu, dass der Hund förmlich aus der Türe stürmt und losrennt, als wäre ein Feuer ausgebrochen. Wenn Sie einen Garten haben, ist das kein Problem, aber spätestens am Gartentor sollte Ruhe einkehren.

Falls Ihre Pelznase auch zu solchen Aktionen neigt, müssen Sie viel Gelassenheit an den Tag legen. Dazu machen Sie alles ganz, ganz langsam. Die Türe wird erst geöffnet, wenn Ruhe eingekehrt ist. Dann bleiben Sie stehen, schließen sie in aller Ruhe ab, verstauen den Schlüssel in Ihrer Jackentasche und sortieren sich erstmal. Hopst Ihr Liebling aufgeregt um Sie rum, dann warten Sie einfach ab, bis er zu Ihnen kommt und Sie erwartungsvoll ansieht. Nehmen Sie Leine kürzer, damit er nicht wie ein Jojo wieder nach vorne und zurück stürmen kann, loben und belohnen Sie ihn fürs Zurückkommen und Kontakt aufnehmen. Manchmal bewährt es sich, ein paar Leckerchen auf den Boden zu streuen.

Erst wenn er einigermaßen ruhig ist, gehen Sie ganz langsam und gemütlich los. Bei Hunden, die bislang sofort mit einem Schleppanker – nämlich Ihnen – an der Leine losgestürmt sind, kann es einige Zeit dauern, bis sie das neue Aufbruchsritual begriffen haben. Mit einiger Zeit sind nicht Stunden, auch nicht Tage, sondern Wochen, manchmal auch Monate gemeint. Sie müssen so einem Hund wieder und wieder stehen bleiben, bis er sich wirklich einigermaßen beruhigt hat, ruhig bei Ihnen wartet, bis Sie fertig sind und er wenigstens die ersten Meter an lockerer Leine laufen kann.

Haben Sie Geduld. Wenn Sie das bei Ihrem Welpen versäumt haben, müssen Sie es jetzt nachholen – es zahlt sich aus. Kommandos sind in dieser Situation vollkommen unangebracht. Er muss verstehen, um was es geht: wir gehen anständig und gesittet zusammen los.

Übergangslösungen
Für die Zeit, bis es mit der Leine klappt, brauchen Sie Übergangslösungen. Die können darin bestehen, dass Sie immer mal wieder dort spazieren gehen, wo Bello einfach nur frei laufen kann oder Sie eine so lange Leine nutzen können, dass er de facto Freilauf hat. Eine meiner Kundinnen hat die Leinenführigkeit ihres Rüden in relativ kurzer Zeit extrem verbessern können, indem sie ihn auf ihren Spaziergängen über die Felder an einer 20-Meter-Leine führt. Oder Sie gehen an Tagen, an denen Sie einfach keine Lust auf Training haben, eine Strecke, auf der er viel schnüffelt und automatisch langsamer und damit besser an der Leine läuft. Oder Sie gehen nur kurz und zum Ausgleich in einen abgezäunten Hundeauslauf mit netten Hundekumpels oder nur zum Schnüffeln. Manchmal ist auch der Partner oder eine gute Freundin bereit, mit Bello eine Runde zu drehen und interessanterweise klappt es bei diesen Menschen oft besser mit der lockeren Leine. Da können Sie dann fragen, was der Gassigänger anders macht. Vielleicht finden Sie dadurch auch die Lösung für sich selber.

Es ist ausdrücklich erlaubt, dass Sie Pause vom Training machen. Kein Mensch hält das durch, jeden Tag zu trainieren. Sie können ganz beruhigt sein, wenn Sie sich diese Pausen ab und zu nehmen müssen, ist das auch für Bello gut, da Sie dadurch wieder entspannter sind. Seien Sie kreativ, lassen Sie sich auch hier etwas einfallen, das Ihnen beiden gut gefällt und Freude in Ihr Leben bringt.

Gemeinsam unterwegs
Viele Menschen sind mit ihren Hunden nicht wirklich gemeinsam unterwegs. Jeder geht so seines Weges und macht sein Ding. Das führt natürlich früher oder später zu Interessenkollisionen. In der Regel entscheidet der Mensch diesen Konflikt für sich. Zu einer freundlichen Beziehung, in der jeder zufrieden ist, führt das eher nicht. Im Freilauf kann man die unterschiedlichen Interessen, falls Ihre Pelznase die Freunde des Waldes in Ruhe lässt, bei dieser Art von Spaziergang noch eher vereinbaren, an der Leine wird das schon schwieriger.

Gerade bei sehr jagdinteressierten Hunden haben Sie sehr häufig das Problem, dass Bello wie ein Wilder hierhin und dorthin zerrt, weil es einfach überall spannend riecht. Der Schleppanker am anderen Ende der Leine empfindet das natürlich als total nervig. Die Lösung ist etwas ungewöhnlich, aber sehr effektiv: machen Sie aus Ihren unterschiedlichen Interessen gemeinsame. Wie geht das?

Bei Hunden, die gerne viel schnüffeln, egal ob an den Spuren anderer Artgenossen oder an Wild- oder Katzenspuren, ist das relativ einfach. Nehmen Sie teil an dem was Ihre Pelznase macht und zwar aktiv. Nehmen wir an, Sie gehen mit Fiffi gerne in den Park, in dem auch andere Hunde spazieren gehen, aber auch Kaninchen, Wildschweine und Rehe unterwegs sind. Sie beginnen ein neues Spiel, bei dem die Regeln folgendermaßen aussehen: wir suchen gemeinsam die Spuren, die für dich so hochinteressant sind, z.B. Wildwechsel. Dort darf Bello gründlich anzeigen und absuchen, was hier so alles los ist, aber nur bis zu einer bestimmten Grenze, z.B. bis zur ersten Baum-Buschreihe. Für dieses Anzeigen und Absuchen loben Sie ihn mit ganz leiser, ruhiger Stimme, z.B. so: „Hast du was gefunden? Wirklich? Ist da was? Du bist vielleicht eine Supernase, das ist ja großartig! Sollen wir mal zusammen nachsehen?..." Selbstverständlich stellen Sie sich auch hin und gucken hochinteressiert in die Büsche, auch wenn Sie nichts entdecken. Vielleicht können Sie mit ihm auch über eine Wiese laufen, auf der er regelrecht die eine oder andere Spur ausarbeitet und Sie zu den Stellen führt, wo die Rehe gelagert haben.

Für Sie hat das folgenden Vorteil: er zieht nach einer kurzen Zeit nur noch an den Stellen, an denen es wirklich hochspannend riecht, weil hier kurz vorher Wild durchgekommen ist. Da Sie ihn für das Auffinden dieser Stellen loben und, wenn er sich Ihnen wieder zuwendet, auch belohnen, reicht es ihm unter Umständen tatsächlich aus, mit Ihnen diese Stellen zu suchen. Sowie Sie diese passiert haben, entspannt er sich wieder. Achten Sie auf die Zeichen: manche Hunde schütteln sich nach so einer Aktion, d.h. sie schütteln die Anspannung raus. Auch daran können Sie teilhaben: „War das jetzt so anstrengend?" Durch das Loben erreichen Sie, dass er sich relativ schnell Ihnen wieder zuwendet. Dafür belohnen Sie ihn mit einem feinen Leckerchen und einem tollen Lob und dadurch erreichen Sie, dass er sich Ihnen schneller wieder zuwendet. An nicht so interessanten Stellen geht er auch schneller weiter, weil Sie (!) jetzt aufmerksamer sind und beobachten, was er macht. Da Sie an diesen Stellen sehr schnell nicht mehr so begeistert sind, bzw. auch nicht loben und belohnen, lohnt es sich einfach mehr, andere Stellen zu suchen. Ein Großteil des Spaziergangs erfolgt dadurch in sehr viel langsamerem und damit hundegemäßerem Tempo, Sie achten mehr auf ihn und er mehr auf Sie und beide kommen zufrieden zu Hause an: das haben wir zusammen wieder gut gemacht.

Blickkontakt nimmt nach meiner Erfahrung um ein Vielfaches zu, da die meisten Hunde sich anfangs einfach erstaunt umdrehen: „Was ist denn mit dir los? Interessiert dich das wirklich?" Ja, es interessiert Sie und das bestätigen Sie ihm auch. Sie treten also eine sehr erfreuliche Spirale los. Zudem lernen Sie sehr viel darüber, was auf Ihrem Weg so los ist. Sie lernen zu unterscheiden, welche Spuren ihn mehr interessieren, wann es sich um Hunde, Eichhörnchen oder Waschbären handelt und wann um Rehe oder Hasen. Eichhörnchen und Waschbären sind nämlich der Regel auf den Bäumen, deshalb wird hier ganz anders gesucht. Hunde gehen am Weg und deshalb sind ihre Duftspuren auch am Rand. Wild wie Rehe oder Schweine gehen in den Wald hinein, darum sehen Sie innerhalb kurzer Zeit genau, wo wieder ein Wildwechsel ist. Hasen sind auf dem Weg und laufen eher in die Wiesen hinein ... Ist das nicht spannend? Und schon wird aus einem bislang für beide nervigen Routinegang ein gemeinsames Erlebnis. Zudem werden Sie feststellen, dass Bello nach solchen Spaziergängen rechtschaffen müde ist. Und Sie bekommen hoffentlich einen gewaltigen Respekt vor der Leistung, die er mit der Nase vollbringt.

Respekt und Höflichkeit

Hunde sollen uns gegenüber Respekt zeigen und höflich sein. Sie müssen viel von uns aushalten und unsere Forderungen erfüllen. Da ist es nicht zu viel verlangt, wenn auch wir uns ihnen gegenüber respektvoll und höflich verhalten. Wer seinem Hund zeigt, dass er genug Zeit für die hundlichen Bedürfnisse hat, geduldig wartet, bis die Pelznase ihr Ding erledigt hat, legt eine gute Grundlage für einen respektvollen und höflichen Hund. Denken Sie daran: Sie sind sein Vorbild. So wie Sie mit ihm umgehen, so wird er lernen sich zu verhalten. Oder um den besten Spruch von Patricia McConnell zu zitieren: „Wenn Sie einen höflichen, freundlichen und geduldigen Hund haben möchten, dann müssen vor allem Sie höflich, freundlich und geduld sein."

Wer auf eine kleine Bewegung hin zurückkommt, hat sich schon eine Belohnung verdient

Dieser Hund ist noch nicht bereit weiterzugehen

Gemeinsames Laufen in der Gruppe muß man lernen

13. Spaziergang mit ein, zwei, drei ... Hunden

Wer mit mehr als einem Hund unterwegs ist, weiß, dass es ein absolutes Unding ist, wenn auch nur einer an der Leine zieht. Die meisten Mehrhundehalter führen ihre Hunde sehr viel häufiger an der Leine als Hundehalter mit einem Hund. Der Grund ist ganz einfach: ein Hund ist leichter zu kontrollieren und ab zwei Hunden aufwärts steigt die Wahrscheinlichkeit, dass man mit kreativen Ideen der Vierbeiner rechnen muss, die sich zu zweit, dritt oder auch mehr einfach besser durchführen lassen. Die Jagd auf Katzen, Fahrradfahrer und Rehe wird zu mehreren sehr viel effektiver, Auseinandersetzungen mit anderen Hunden sind in der Gruppe erfolgreicher, eine wilde Jagd auf und davon über Wiesen und Felder – weil rennen einfach schön ist – macht zu mehreren mehr Spaß. Nicht immer und überall kann man deshalb seine Hundegruppe frei gewähren lassen.

Damit das alles nicht zu kompliziert wird, können Sie hier nachlesen, wie ein täglicher Spaziergang bei uns so abläuft.

Unser alter Anton ist jetzt über 15 Jahre alt und schon sehr klapprig. An manchen Tagen ist er munter und fidel, dann laufen alle zusammen los, mein Mann dreht mit ihm früher um und ich gehe mit Indiana und Maxl eine Runde von einer bis eineinhalb Stunden. Beim Losgehen ist vor allem unsere Indiana, die mit ihren drei Jahren die jüngste ist, sehr aufgeregt: es geht los, es geht los, juhu juhu, juhu! Schnell raus aus dem Haus und noch mal eine Runde über den Hof mit fliegenden Ohren! Die Begeisterung über das Großereignis des Tages ist unverkennbar. Wenn wir am großen Hundeplatztor rausgehen, muss Indiana an die Leine, die Buben dürfen frei laufen. Denn unser Mädchen hat die Nachbarskatzen zum Fressen gern und unternimmt schon mal einen Ausflug in den Nachbarsgarten. Das wird aktiv verhindert. Sie können also beruhigt davon ausgehen, dass Indianas Leine relativ leicht auf Zug kommt, besonders dann, wenn die Katzen kurz vorher unterwegs waren.

Wir bleiben erst einmal stehen, sperren das Tor zu, und warten, bis alle Hunde bei uns sind. Denn Maxl und Anton müssen ja auch erstmal die Gegend absuchen, aber losgegangen wird zusammen. Alle bekommen ein Leckerchen, dann gehen wir ruhig los. Indiana hat gelernt, dass es eine gute Möglichkeit ist mit ihrer Aufregung fertig zu werden, wenn sie an der

5-Meter-Leine große Runden um mich dreht. Das erfordert viel Aufmerksamkeit von uns und den Buben. Besonders aufpassen müssen wir, dass Anton nicht verwickelt wird. Sie hat das inzwischen schon selber begriffen, dass sie vorsichtig sein muss, auch wenn es ihr nicht immer ganz gelingt.

Die Entscheidung, wo wie hingehen, fällt spätestens, wenn wir am kleinen Hundeplatz vorbei sind. Heute bieten wir rechts in Richtung Wiese ab. Alle Hunde finden das gut. Auf den Maxl müssen wir aufpassen, wenn wir in Richtung Wald kommen, da er zu gerne die Freunde des Waldes besuchen würde und unten am Rand vom Bruch ein Rehbock sein Quartier hat. Deshalb wird er rechtzeitig angeleint. Am Wald entlang geht's gut, er läuft ganz locker, Indiana auch, Anton tappt hinterdrein. Aber dann kommt der Hang zum Bruch hinunter und jetzt wird's schwierig. Ich bleibe stehen, beide Hunde kommen etwas aufgeregt zu mir, so kann ich die Leinen kürzer nehmen, sie werden belohnt und wir gehen sehr, sehr langsam weiter. Dafür werden sie gelobt. Wenn sie von sich aus stehenbleiben und sogar noch Blickkontakt aufnehmen, gibt's auch noch ein Leckerchen und ein dickes Lob.

Für Anton ist das wunderbar, er kann das Tempo halten und ein Leckerchen kassieren. Ca. 100 Meter muss ich die Leinen kürzer halten, sonst lande ich im Bruch und die Hunde suchen den Rehbock. Das kann keiner wollen. Wenn die Spannung sehr groß ist, weil es zu stark nach Reh riecht, werde ich immer langsamer und spreche ruhig und leise mit den Hunden. Wir bleiben stehen und scannen das Schilf ab, ob sich irgendwo was bewegt, aber nicht lange, nach ein paar Sekunden gehen wir weiter – natürlich nach ausführlichem Lob und Leckerchen für ruhiges Hinsehen und – relativ – lockere Leine beim Weitergehen.

Irgendwo da unten biegen Anton und mein Mann ab, weil es für unseren Opa sonst zu viel wird. Für mich wird es jetzt entspannter, weil an dieser Stelle im Bruch momentan viel Wasser ist und dadurch kein Wild Zuflucht sucht. Langsam gebe ich die Leinen nach, so dass beide Hunde wieder ihre fünf Meter ausnutzen können. Es wird viel geschnüffelt, anscheinend waren unsere Feriengäste hier ebenfalls unterwegs. Nachdem der Rehbock nicht da war, können wir uns wieder den fremden Gerüchen zuwenden. Langsam laufen wir vom Bruch hoch zur Straße und müssen unterwegs immer mal wieder stehen bleiben, weil Maxl und Indiana nochmal einscannen müssen, ob auch wirklich kein Sparringpartner rauskommt. Außerdem können sie hier auf den Werder sehen, könnte ja sein ... Nein, nichts. Wir können also unseren Weg geruhsam fortsetzen.

An der Straße von Metzelthin nach Netzow und Knehden wird erst einmal ausgiebig geschnüffelt. Hier stehen ein paar wichtige Bäume, die offensichtlich von allen vorbeikommenden Hunden mit vielen Botschaften versehen werden. Ich stehe auf der Straße und die Hunde untersuchen alle Bäume in allen vier Ecken. Ein Glück, dass hier so gut wie nie ein Auto kommt und wenn, dann hört man es rechtzeitig.

Maxl möchte – wie immer – ins Dorf gehen. Nachdem wir erst gestern mit seinem Freund Balu diese Runde gelaufen sind, will ich heute geradeaus weiter über die Wiesen. Stocksteif an gespannter Leine steht er da mit der Nase in seine bevorzugte Richtung und tut so, als wären wir nicht da. Indiana kennt das Spiel schon und schnüffelt an lockerer Leine am Straßenrand rum. Ich warte. Das kann jetzt dauern. Wenn es mir doch zu lange dauert, spreche ich ihn an. Heute ist er gnädig, ich muss nichts sagen und er dreht um. Widerwillig, aber immerhin.

Heute laufen wir nicht unten am Wald und am Bruch in Richtung Steißsee, sondern gehen oben über die große Wiese. Von dort hat man einen wunderbaren Blick über den See und die Hügel dahinter. In angemessener Entfernung vom Wald leine ich die Hunde ab und lasse sie laufen. Die Freude ist groß, da das wirklich leider sehr selten möglich ist. Ich muss einen guten Überblick haben, sicher sein, dass sie nicht zu aufgeregt sind, dass möglichst kein Wild in der Nähe ist ... nicht so einfach. Aber wenn sie frei laufen dürfen, ist es für uns alle wunderbar. Indiana rennt sofort los und überlegt, ob sie die kleinen Strolche besuchen soll. Das sind vier kleine Hunde, die auf einem Gehöft etwas außerhalb des Dorfes wohnen. Das macht sie ab und an und ist eigentlich nicht in meinem Sinn. Aber das Gehöft gehört zu den etwas anarchistischeren, ist also hochinteressant, da man als Hund sehr viele spannende Sachen erkunden kann. Außerdem wohnen die kleinen Strolche dort, die sie eigentlich mit ihrem Gekläffe nerven, aber lustig ist es schon, weil sie Respekt vor ihr haben. Wer hat das sonst schon?

Dem Maxl ist das nicht so wichtig. Er freut sich seines Lebens und schaut immer runter zum See, rennt dann wieder zu mir und findet alles super. Im Freilauf ist er relativ unkompliziert, weil er sehr gut abrufbar ist, im Zweifel kommen unser Zauberwort oder die Pfeife zum Einsatz. Das klappt bei ihm zu fast hundert Prozent, bei Indiana muss ich da noch Abstriche machen. Aber heute ist alles prima, Indiana entscheidet sich gegen die kleinen Strolche und für uns und wir laufen ganz gemütlich in Richtung Bahndamm. Rechtzeitig vor dem zum Fahrradweg umgebauten Bahndamm muss ich meine beiden wieder anleinen, weil ich kein Risiko eingehen möchte und der Weg sehr schlecht einsehbar ist. Sobald beide an der Leine sind, interessieren sie Fahrradfahrer oder Fußgänger nicht wirklich. Indiana muss sie – Herdenschutzhundmischling – etwas genauer fixieren, aber das ist schnell erledigt.

Vom Bahndamm gehen wir hoch zum Märchenland, da gehen sie sehr gerne, weil manchmal die Ponies auf der Weide sind, die kann man bestaunen, und es riecht interessant, weil dort die Besucher auch mal Hunde dabei haben. Also gehen wir gemütlich und alles genau kontrollierend vor zur Kurve, an der wir den Fahrradweg kreuzen. Und jetzt wird's spannend. Denn am ehemaligen Bahnhof ist zuerst eine Baustelle, die – so ein Glück – nicht durch einen Zaun gesichert ist. Wenn ich auch nur einen Moment unaufmerksam bin, sind beide Hunde so weit wie möglich drin und kontrollieren ganz genau, was wieder passiert ist.

Im nächsten Anwesen leben zwei Hunde: eine Dackel- und eine Labradorhündin, die sich hinterm Tor aufführen wie die Verrückten. Maxl nutzt die Gelegenheit, auf der Wiese am Wegrand einen deutlichen Haufen zu hinterlegen. Da wissen sie dann, was er von ihnen hält. Indiana sieht mich empört an: wie kann man sich nur sooo benehmen. Ich sag dazu nix und erspare mir und ihr die Erinnerung daran, wie sie sich an unserem Zaun aufführt. Cool und locker gehen wir weiter. Denen haben wir's ordentlich gezeigt, wie sich gut erzogene Hunde benehmen. Na ja! ☺

Hinter dem nächsten Zaun ist das Dackelmädchen, das uns regelmäßig mit begeistertem Gequietsche begrüßt. Sie freut sich furchtbar, wenn wir vorbei kommen. Indiana und Maxl finden sie ein bisschen albern, aber sie gehen immer hin und begrüßen sie. Dafür gibt's ein Leckerchen – auch für die Süße hinterm Zaun. Das habe ich eingeführt, weil sie das nette Mädchen sonst ignorieren und sie findet das so toll, wenn die beiden kurz Hallo sagen. Ein kleines Stückchen hoppelt sie am Zaun mit, dann bleibt sie stehen und schaut uns traurig nach.

An der Bushaltestelle sitzen ein paar Kinder, Indianas kleine Freundin ist auch dabei. Sie kommt her, lächelt mich schüchtern an und fragt: darf ich den Hund streicheln? „Der Hund" ist Indiana und die beiden finden sich sehr sympathisch. Die Kleine fragt immer und natürlich darf sie immer. Der Maxl hat keine Zeit für die Kinder, rein theoretisch besteht die Chance, dass wir durchs Dorf zurückgehen. Also stellt er sich an strammer Leine schon mal in die nach seiner Meinung richtige Richtung. Aber leider, leider – heute nicht.

An der Ecke wird nochmal gründlich alles abgeschnüffelt und deutlich markiert. Mühsam presst mein Wackeldackel noch ein paar Tröpfchen aus der Blase. Jetzt weiß wirklich jeder, dass er da war und nach dem Rechten geschaut hat. Dann geht's zurück auf der Netzower Straße. Da kommen wir direkt bei den kleinen Strolchen vorbei und jetzt rennen sie auch raus. Zu viert beschimpfen sie uns und kriegen sich gar nicht mehr ein. Meine beiden Lieblinge benehmen sich, als hätten wir ein Kamerateam zu Filmaufnahmen dabei. Titel des Films: „ Vorbildliche Hunde einer Hundetrainerin unterwegs". Sie gehen ganz langsam, sehen mich an, werfen den kleinen Strolchen missbilligende Blicke zu und kassieren für lockeres Vorbeilaufen natürlich jede Menge Leckerchen. Die kleinen Strolche nehmen sie nach direktem Kennenlernen im letzten Winter jetzt wirklich nicht mehr ernst. Außer rumbrüllen ist nix los mit denen.

An der Schnittstelle mit den wichtigsten Bäumen der Umgebung wird nochmal ausgiebig kontrolliert – in der Zwischenzeit war aber niemand da. Wir können also beruhigt zurück über die Wiesen nach Hause gehen. Am Bruch gibt es nochmal kurze Aufregungen, weil wohl der Rehbock tatsächlich unterwegs war. Aber schließlich und endlich gelangen wir doch recht entspannt wieder oben am Waldrand an und laufen unseren gemähten Weg zum Forsthaus hin. Der Maxl darf von der Leine, die Indiana nicht, weil sie die Katzen auf der Liste hat. Das ist echt schwer für sie, wenn der Maxl vorausläuft und sie muss bei mir an der Leine bleiben. Aber auch das wird immer besser und hin und wieder schafft sie es schon, durchgehend an lockerer Leine zu laufen.

Sie sehen, auch meine Hunde verhalten sich nicht immer so, dass die Kamera für einen perfekten Imagefilm mitlaufen könnte. Ich muss genau wie Sie in vielen Momenten sehr aufmerksam sein und viele Dinge im Blick haben, damit wir uns nicht unbeliebt machen. HundetrainerInnen werden sehr viel aufmerksamer beobachtet als andere Hundehalter und viele Menschen denken, dass unsere Hunde automatisch einfach alles supertoll machen. Vergessen Sie es. Hundetrainerhunde sind einfach Hunde und genauso benehmen sie sich auch. Trotzdem haben wir schöne und entspannte Spaziergänge mit kleinen Abenteuern und netten Begegnungen.

Auch vor der wichtigsten Kreuzung kann man einen Moment warten

Freilauf gibts für den Maxl, wenn er gut abrufbar ist

Indiana und Maxl lassen sich von den kleinen Strolchen nicht provozieren

14. Beispiele aus der Hundeschule

Nicht alle meiner Kunden sind von Anfang begeistert von meinen Ideen. So einfach kann das doch gar nicht sein. Selber einfach ein bisschen langsamer werden, auf Kommandos verzichten und sich gemütlich durch die Gegend bewegen? Echt? Das ist alles? Wenn es Ihnen genau so geht, dann überzeugen Sie vielleicht folgende Beispiele aus meinem Alltag.

Camille

Camille ist eine ca. fünf Monate alte Weimaraner Hündin. Sie ist sehr lustig und kreativ in der Gestaltung des Alltags. Ihr Frauchen ist Jägerin, derzeit zwar ohne eigene Jagd und auch nicht aktiv auf Jagden unterwegs, aber trotzdem möchte sie Camille jagdlich ausbilden: Vorstehen, Apportieren, Nachsuche... das ganze Programm. Weimaraner stehen eigentlich wie alle Vorstehhunde schon relativ bald von alleine vor, z.B. an Schmetterlingen oder Hummeln, also an Subjekten, die sie spannend finden. Camille hat das auf meinem Hundeplatz mit ca. vier Monaten zum ersten Mal gezeigt und natürlich haben wir sie ganz toll dafür gelobt. Ihr Frauchen war ein bisschen irritiert, weil sie das bislang noch nie gesehen hatte. Die nächsten Wochen hat sie sehr gut aufgepasst, aber erstmal kam nix mehr. Und zwar so lange, bis sie anfing, tatsächlich langsamer mit ihr spazieren zu gehen. Plötzlich hatte Camille genug Zeit, um Schmetterlinge und Hummeln auf Blumen anzuzeigen. Ihr Frauchen war sehr überrascht. Aber ich bin mir ziemlich sicher, dass sie ab sofort immer langsamer gegangen ist.

Cäsar

Große Schweizer Sennenhunde sind gemütliche Hunde. Sie eignen sich für Menschen, die langsam durch die Gegend schlendern und Zeit haben, denn die Großen Schweizer bleiben gerne mal stehen und beobachten die Gegend. Die Erklärung dafür ist sehr einfach. Diese Hunde wurden benötigt, um große Höfe zu bewachen, arme Leute hätten sich so einen Hund sicher nicht leisten können. Sie begleiteten auch mal Viehherden oder zogen Wagen, aber ihre Hauptaufgabe bestand darin, von einer erhöhten Stelle aus das Land zu beobachten, ob sich Feinde dem Hof näherten.

Um das richtig zu lernen, braucht man Zeit. Schließlich muss alles und jedes, was oder wer sich nähert, genau betrachtet und eingeordnet werden. Wer eilig durch die Lande hastet, kann das nicht lernen.

Cäsar war ein junger Großer Sennenhund, der bei sehr netten Menschen zuhause ist. Sie kamen zum Urlaubstraining zu mir, weil Cäsar unsäglich an der Leine zog. Bei einem Hund, der ausgewachsen bis zu 80 Kilo erreichen kann, ist das nicht lustig, besonders, wenn man selber nicht mal 60 Kilo wiegt wie sein Frauchen.

Cäsar hasste Leinen. Sowie man ihn anleinte, biss er in die Leine und zerrte daran rum. Mit viel Geduld konnte ich ihn überzeugen, dass das keine gute Idee ist. Wir wollten einen kleinen Spaziergang unternehmen, weil ich nicht wirklich verstand, was da los war. Also ging es auf die Wiese hinter unserem Forsthaus – wir kamen aber nicht weit. Cäsar trottete ganz langsam mit und legte sich nach knapp 100 Metern hin. So, da lag er. Und stand nicht mehr auf. Denn unser Nachbar arbeitete an seinem Holz und das fand er außerordentlich spannend. Wir standen daneben und unterhielten uns. Dabei kam heraus, dass er das immer schon so machte, dass aber eine Trainerin geraten hatte, ihn zum Weitergehen zu zwingen und im raschen Tempo mindestens eine Stunde zu laufen. Mir wurde klar, dass Cäsar nicht nach vorne zog, sondern nach hinten: er wollte nicht laufen.

Das Beißen in die Leine war auch nicht das einzige Problem. Wegen sehr unfreundlichen Trainings in der ersten Hundeschule mit Kettenwürger und Leinenruck war er ausgesprochen leinenaggressiv. Ohne Leine war er mit Hunden wunderbar verträglich.

Stellen Sie sich bitte vor, was das für alle Beteiligten für ein Martyrium war. Sein Frauchen wollte unbedingt die Stunde mit ihm im richtigen Tempo absolvieren und Cäsar wollte lieber schlendern und die Gegend beobachten. Dazu kam, dass er an allen „eigenmächtigen" Erkundungen gehindert wurde. Wir haben es hier mit einer üblen Mischung aus aversivem Training in der ersten Hundeschule und leider nicht sehr guten Ratschlägen, die auf mangelnde Kenntnis von hundlichen Bedürfnissen schließen lassen, in der zweiten zu tun. Da Cäsar nur wenige Tage hier war, konnte ich leider nicht feststellen, wie es mit ihm weiterging. Ich kann nur hoffen, dass die Halter meine Tipps berücksichtigt und umgesetzt haben.

Tinka, Lotte, Sigi

Eine der kuriosesten Geschichten, die ich in der Hundeschule erlebt habe, ist die von Tinka, Lotte und Sigi. Ihre Mutter ist eine bildschöne Bordercollie-Aussi-Mix-Hündin, die im Alter von sieben Jahren in einem unbeaufsichtigten Moment gedeckt wurde. Heraus kamen sechs entzükkende Hundekinder. Drei waren bereits abgegeben, als ihre Menschen mit ihnen zu mir in die Hundeschule kamen. Das Problem hatte nichts mit Leinenführigkeit zu tun. Die Geschichte dieser Hunde ist aus einem anderen Grund interessant.

Da die Welpen sehr lange bei ihrer Mutter blieben und die Menschen anfangs dachten, man kriegt das auch ohne Brustgeschirr und Leine hin, fingen die süßen Kleinen irgendwann an, Fahrradfahrer, Jogger und Autos zu attackieren. Lottchen, die Kleinste, machte immer Alarm, und Tinka, die viel Selbstvertrauen hatte, stürmte los und die ganze Meute hinterher. Zudem hatten sie zu wenig Kontakt mit Menschen und fremden Hunden. Während wir an diesem Bündel arbeiteten, stellten sich ganz interessante Dinge heraus. Egal, wo und wie wir uns bewegten: die Welpen waren immer in einem Umkreis von fünf bis sechs Metern um uns herum. Außer bei ihren Attacken bewegten sie sich gemeinsam exakt in diesem Kreis mit uns mit. Dazu war nichts weiter notwendig, als dass wir weitergingen. Wenn wir stehen blieben, blieben auch die Kinder stehen, sie alberten natürlich herum, untersuchten alles Mögliche, hatten uns aber immer im Blick. Wenn wir weiter gingen, blieben sie ein wenig zurück, um nach wenigen Sekunden nachzukommen. Es war schlicht und einfach faszinierend.

Die Erklärung kennen Sie schon: das ist der natürliche Folgetrieb der Welpen. Wenn ein Welpe keine Mama mehr hat, weil er bei Ihnen eingezogen ist, dann überträgt er das nahtlos auf Sie. Das ist doch eine großartige Gelegenheit, um eine gute Leinenführigkeit aufzubauen.

Bei Tinka, Lotte und Sigi war es nicht einfach, sie an Brustgeschirr und (!) Leine zu gewöhnen. Und zwar nicht, weil sie das nicht akzeptiert hätten. Das Geschirr wurde ihnen behutsam angelegt, die Leine freundlich fixiert, das war nicht das Problem. Das Problem war, das es nicht einfach ist, drei fidele Kinder an der Leine zu führen, ohne Leinensalat zu erzeugen. Man muss also einzeln mit ihnen laufen oder maximal mit zwei Hunden. Nachdem aber Sigi und Tinka sowieso zu anderen Menschen ziehen sollten, war klar, dass sich dieses Problem von alleine erledigen wird.

Für mich wurde aber wieder einmal klar, dass viele Dinge in den Hunden so angelegt sind, dass wir sie ganz einfach für unsere Zwecke nützen können, ohne den Hunden damit Übles anzutun.

Idefix

Dieser Idefix ist kein kleiner weißbrauner Terrier, sondern ein schwarzer, sehr charmanter Mittelpudel. Er kam zu mir, weil er in den Berliner Auslaufgebieten ständig auf der Jagd war. Selbst Wildschweine und Füchse fand er spannend. Sein Frauchen ist eine zierliche, alte Dame, die zwar körperlich und geistig topfit ist, aber seinen vehementen Versuchen, hinter allem Wild herzujagen, nicht gewachsen war. Auch elf Kilo Pudel können zum Problem werden, wenn sie an der 7- oder 12-Meter-Leine hängen. Freilauf war nach diversen, längeren Abwesenheiten erstmal gestrichen.

Als erstes wurde das Tempo reduziert, denn obwohl sein Frauchen deutlich älter ist als ich, hatte ich ernsthaft Schwierigkeiten, mit ihr Schritt zu halten. Idefix rannte immer vorneweg und es sah so aus, als könne es ihm nicht schnell genug gehen. Damit er überhaupt mal mit ihr Blickkontakt aufnahm, hatte sie jedes Umdrehen sofort und sehr effektiv mit Futter belohnt. Trotzdem hatte ich das Gefühl, dass die zwei zwar durch die Leine, aber durch sonst nichts verbunden waren.

Idefix und Marlen gehen gemeinsam auf die Jagd – das Ergebnis sind keine gerupften Hasen sondern eine leckere Belohnung für Idefix

Zuhause sah das ganz anders aus. Idefix und sein Frauchen sind ein Herz und eine Seele. In unserem Gästegarten und in der Ferienwohnung beobachtete er immer aufmerksam, wo sie war und was sie tat, sie nahmen beide großen Anteil aneinander und man hatte den Eindruck, dass sich hier zwei innig lieben.

Unser erster Spaziergang führte uns unter vielen Ermahnungen, doch bitte etwas laaaangsaaamer ☺ zu gehen, auf ein großes Feld im Wald. Auf dem Weg dorthin brach ich immer in wahre Begeisterungsstürme aus, sobald Idefix eine interessante Spur entdeckte – also ca. alle fünf Meter, denn die Wildwechsel sind bei uns an der Tagesordnung, nicht die Ausnahme. Sein Frauchen war etwas erstaunt, aber sie beteiligte sich sehr schnell, da Idefix nach ganz kurzer Zeit zügig auf den Weg zurück kam und sein Leckerchen abholte. Auf dem Feld waren hochinteressante Wildbetten, in denen die Hirsche in der Regel ihre Verdauungsschläfchen machen. Es führen Spuren hin und weg und die suchten wir gemeinsam. Idefix war begeistert. Ganz langsam und vorsichtig schlich er von Bett zu Bett, wurde bei jedem Fund ausführlich gelobt und belohnt – großartig! Dazu kam, dass ich ihn an einer knapp zwanzig Meter langen Leine führte. Er hatte also viel Platz und den nützte er weidlich aus.

Fast zwei Wochen lang wurde das geübt: Idefix findet was Supertolles auf der Wiese oder im Wald und alle freuen sich mit ihm. Das Ergebnis war ein Hund, der deutlich weniger zieht, der auch beim Spazierengehen sehr viel kooperativer geworden ist – weil wir uns kooperativ gezeigt haben. Das Interessanteste an dieser Art von Training ist für uns, dass wir sehr viel mehr mitbekommen, was unsere Hunde machen, wofür sie sich interessieren, was unterwegs so alles passiert.... wir nehmen dadurch sehr viel mehr am Leben unserer Hunde teil. Und das fand Idefix natürlich gut.

Ungefähr vier Tage, nachdem sie wieder zuhause waren, rief mich Idefix' Frauchen an. Sie war vollkommen baff, denn in Berlin setzte sich das fort. Wir hatten zunehmend nur noch dann begeistert teilgenommen, wenn er deutlich anzeigte, dass diese Spur jetzt wirklich superfrisch war. Ältere Spuren hatten wir zwar auch gelobt, aber so richtig Party mit Leckerchen und Jackpot gab's nur bei aktuellen Ereignissen. Da in Berlin tagsüber nicht so richtig was los ist mit Wild, ging er viel ruhiger und langsamer spazieren und die Leine war deutlich weniger gespannt.

Fazit

Leinenführigkeit – ein Thema, das endlos und in unglaublich vielen Varianten als Problem auftreten kann – aber wie wir gesehen haben, nicht auftreten muss. Die Frage ist einfach: wie gehen wir damit um? Suchen wir die Ursache und Schuld beim Hund? Oder denken wir in Ruhe darüber nach, was unser Anteil daran ist? Was bringt ein Welpe mit, um eine gute Leinenführigkeit aufzubauen? Was können wir tun, um das zu erhalten? Wie wir gesehen haben, ist das gar nicht so wenig.

Bei allen Dingen, die wir unseren Hunden beibringen möchten, brauchen wir Zeit, Geduld und viel Verständnis. Wenn es um die lockere Leine geht, dürfen Sie gut und gerne Ihren Bedarf an Zeit und Geduld verzehnfachen. Und wenn das nicht reicht, dann fahren Sie einfach in den nächsten Supermarkt und holen sich noch ein paar Zentner. ☺

Spaß beiseite. Ein Hund, der an der Leine zieht und zerrt, macht keinen Spaß. Ihnen nicht, mir nicht und selber hat er auch weniger Freude am Leben. Deshalb sollte es uns wert sein, ein wenig Zeit zu investieren, um darauf zu kommen, warum er das macht, und um es mit viel Geduld und Liebe abzustellen.

In diesem Sinne wünsche ich Ihnen und Ihrer Pelznase viel Erfolg beim Umsetzen und einen wunderbaren, entspannten Weg durchs gemeinsame Leben.

Danke schön!

Auch bei diesem Buch haben mir wieder nette Menschen geholfen, damit es gut und lesbar wird. Dafür bedanke ich mich bei meiner lieben Kollegin Inga Hauser, die mir nicht nur mit fachlichen Tipps, sondern vor allem mit ihren Kenntnissen als Deutschlehrerin eine große Hilfe beim Korrekturlesen und Lektorieren war.

Vielen Dank auch an meinen alten Schulfreund Andreas Schenz, der unermüdlich Buch für Buch liest und mir viele Hinweise gibt, wenn etwas für „Laien“ unverständlich ist.

Vielen Dank an Vanessa Reupke, die zwar nicht ganz so viel Zeit aufbringen konnte, wie sie eigentlich wollte, mir aber mit ihrem Hinweisen auf Lesbarkeit viel geholfen hat.

Ganz besonders bedanke ich mich bei Franca Ruhmer und ihrem wunderbaren Bilbo. Die beiden zieren den Titel dieses Buches und ich habe das Foto mit ihrer ausdrücklichen Erlaubnis verwendet. Die Zeiten, an denen die beiden in dieser Art an einander hingen, sind lange vorbei.

Meinem Mann Ernst Wagner-Rott danke ich für sein immerwährendes Verständnis für meine Arbeit.

Und natürlich danke ich meinen Hunden und allen Kunden und ihren großartigen Pelznasen, die mich schon so vieles gelehrt haben und bei denen ich immer weiter lernen darf.

Buchempfehlungen

Herzlich willkommen! – Ein Hund kommt ins Haus,
Ute Rott, PhiloCanis Verlag

Calming Signals,
Turid Rugaas, animal learn Verlag

Leinenaggression,
Clarissa von Reinhardt, animal learn Verlag

Stress beim Hund,
Martina Scholz, Clarissa von Reinhardt, animal learn Verlag

Workbook Calming Signals,
Clarissa von Reinhardt, animal learn Verlag

Die Welt in seinem Kopf,
Dorothée Schneider, animal learn Verlag

Hund trifft Hund. Entspannte Hundebegegnungen an der Leine
Katrien Lismont, CADMOS Verlag

Kommando: Voran!: Der Schutzhundesport im Fokus
Jörg Tschenschter, BoD

Grundlagen einer tierschutzgerechten Ausbildung von Hunden
Verband für das Deutsche Hundewesen

Zur Autorin

Ute Rott lebt mit ihrem Mann und ihrem Hunden seit 2005 in Metzelthin in der Uckermark. Dort betreibt sie eine Hundeschule und vermietet Ferienwohnungen und Stellplätze fur Reisemobile an Menschen mit Hunden. Die Ausbildung zur Hundetrainerin hat sie 2005 bei animal learn in Bernau am Chiemsee erfolgreich abgeschlossen. Sie ist Miglied im Fachkreis Gewaltfreies Hundetraining. Ihre Spezialgebiete sind: gewaltfreies Training zum Grundgehorsam, Verhaltensberatung und Verhaltenstherapie bei auffalligen Hunden, Mantrailing und Ernahrung.

Bereits erschienen im PhiloCanis Verlag:

Ute Rott
Wohl bekomm's !
Dein Hund ist, was er frisst!
ISBN 978-3-9818307-0-5

Gesunde Ernährung ist eine entscheidende Voraussetzung für ein gelungenes Leben, das gilt auch für Hunde. Es ist kein Geheimnis mehr, dass Industriefutter unsere Hunde krank macht. Auch in der Hundeernährung spielen die Frische und Qualität des Futters eine entscheidende Rolle.

„Wohl bekomm's ! – Dein Hund ist, was er frisst" zeigt auf leicht nachvollziehbare Weise, warum Rohfütterung für Hunde die einzige Möglichkeit zur gesunden Ernährung bietet, wie man unkompliziert umstellen und die Rationen zusammenstellen kann. Der Leser muss dazu nicht Lebensmittelchemie studiert haben, da die Zusammenhänge kritisch betrachtet und einfach erklärt werden.

Es geht der Autorin in erster Linie darum, den Leser zu selbständigem Denken und kritischem Hinterfragen anzuregen.
Dies erreicht sie mit unkonventionellen Beispielen und viel Humor.

PhiloCanis Verlag
Metzelthin 22
17268 Templin
mail: ute.rott@yahoo.com
www.forsthaus-metzelthin.de

Ute Rott
Herzlich willkommen!
Ein Hund kommt ins Haus
ISBN 978-3-9818307-1-2
eBook:
ISBN 978-3-9818-307-2-9

Ein Hund ist bei Ihnen eingezogen. Es ist vollkommen gleichgültig, ob es der erste oder der vierte ist – jeder Hund stellt neue Anforderungen an Sie, denn Hunde sind so individuell wie Menschen.
„Herzlich willkommen ! – Ein Hund kommt ins Haus" kann Ihnen bei der Beantwortung vieler Fragen zur Seite stehen und Ihnen viele Hinweise und Tipps geben, wie Sie mit den Ideen, die Ihr neuer Hausfreund hat, klar kommen.

Sie finden hier viele Informationen zu allen möglichen Themen, die Hundebesitzer bewegen, Tipps zum Aufbau von Grundgehorsam und einige grundsätzliche Erwägungen über den Umgang mit Hunden. Dabei sollten Sie aber eines nie vergessen: das Leben mit Hunden ist viel zu schön, um es ausschließlich mit Training und Erziehung zu verbringen. Wenn Sie einen freundlichen, geduldigen und höflichen Hund haben möchten, dann seien auch Sie freundlich, geduldig und höflich – gerade und vor allem mit Ihrem Hund.

PhiloCanis Verlag
Metzelthin 22
17268 Templin
mail: ute.rott@yahoo.com
www.forsthaus-metzelthin.de

Ute Rott
Mantrailing
Praktische Anleitung
(nicht nur) für Anfänger
ISBN 978-3-9818307-3-6
eBook:
ISBN 978-3-9818-307-4-3

Dieses Buch ist für Anfänger gedacht und alle, die sich für eine der spannendsten Aufgaben interessieren, die Mensch und Hund sich stellen können. Die Autorin bietet seit über zehn Jahren Seminare, Workshops und Kurse an, deren Teilnehmer teilweise über Jahre treu bleiben – weil es einfach so unglaublich schön ist. Und deshalb kann sie auch mit Augenzwinkern davor warnen: Achtung! Suchtgefahr! Wer einmal richtig reingeschmeckt, möchte mehr davon. Auch dazu soll dieses Buch Sie verführen.

Und wenn Sie keine Hundeschule finden, die Mantrailing anbietet? Wenn Sie nicht in der Rettungshundestaffel aktiv werden möchten? Kein Problem. Entweder besuchen mit Ihrem Hund ein Seminar in einer gewaltfrei arbeitenden Hundeschule, um sich die Grundlagen anzueignen, und machen dann alleine weiter, oder Sie versuchen es einfach Schritt für Schritt allein mit freiwilligen Helfern. Ute Rott möchte Ihnen dazu Mut machen mit dem entsprechenden Hintergrundwissen.